藍學堂

學習・奇趣・輕鬆讀

為什麼美、中、台、韓都錢進半導體？
了解全球半導體商機的第一本書

半導體
投資大戰

반도체 투자 전쟁　金榮雨 김영우 —————— 著

蕭素菁、陳柏蓁————譯

目錄

優秀的半導體自主化導讀書

鄭凱元

　　在撰寫推薦序的當下，新冠肺炎疫情從二〇二〇年爆發至今已邁入第三個年頭。而在前兩年受惠於WFH（Work From Home，居家辦公）而大幅成長的半導體與電子產業，卻在二〇二二年初開始出現供過於求的雜音。PC/NB、電視、家電等消費性電子需求轉為下滑，連帶全球半導體相關個股股價也自年初起大幅下修，費城半導體指數下跌了二五％，超微（AMD）、輝達（NVIDIA）等指標性IC業者股價下跌超過三〇％，就連護國神山台積電股價也下跌一七・五％。這是否也代表半導體產業的好日子即將結束呢？

　　隨著疫苗普及與全球解封，人們必然逐漸返回正常生活，因為封城、居家活動時間拉長而帶來消費電子需求必然不可能永久，若以二至三年短期角度來看，半導體受惠於疫情紅利，的確將在今年慢慢走向結束。但如果我們拉長十年以上來看，更大結構性因素卻持續改變著半導體產業供需結構，推動著半導體將跨越景氣週期持續向上，而其中一項結構性因素便是美中對立帶來的半導體自主化趨勢。

　　自八〇年代資訊革命崛起，美國一直是全球資訊與晶片科技的單一領導

者。以美國晶片產業效率最佳化為前提進行分工：美國設計、亞洲製造，型塑了過去四十年全球半導體供應鏈樣貌，時間久到讓人認為這樣的分工為自然而然的常態。然而自川普當選美國總統後，美中關係由合作轉向競爭，為半導體例行已久的分工模式迎來改變。為了打擊中國在高科技領域的發展，美國先是於二〇一九年透過禁令打擊中國當地半導體設計與製造發展；爾後考量台灣、南韓有捲入美中競爭的潛在風險，美國又於二〇二〇年發起了一系列補助政策，企圖將半導體製造拉回本土，改變供應鏈偏重亞洲的局面。

隨著美中競爭有增無減，不僅美中兩國持續大力補貼本土半導體產業，歐、日、印、東南亞各國也紛紛搭上這趟半導體補貼列車，形成不同於過去的全球半導體在地製造大投資時代。美中對立不會隨著疫情趨緩而結束，各國對半導體補貼亦不會隨著疫情趨緩而停歇。展望未來，我們將看到疫情對半導體產業衝擊逐步減緩，而各國半導體自主化的影響力將愈來愈強。

對於關注半導體產業的投資人而言，在面對疫情紅利逐漸消散、相關個股股價集體下殺的當下，正是重新檢視半導體自主化趨勢帶來的潛在機會的好時機。要了解美中競爭與半導體自主化的來龍去脈，這本《半導體投資大戰》提供了不錯參考價值。作者以美中爭霸角度，詳細回顧了過去十年兩國半導體各自發展歷程與優劣勢，也清楚整理了二〇一八年後兩國在半導體產業競爭交鋒事件與後續影響，是相當不錯的產業歷史回顧素材。雖然前瞻性觀點略嫌不足，但如果是對於半導體自主化陌生的朋友，本書無疑是本優秀的導讀書，值得一讀。

（本文作者為財報狗共同創辦人）

巨大的變化
帶來巨大的機會！

● 對中國的憂慮加劇

　　法國著名的軍人皇帝拿破崙・波拿巴（Napoleon Bonaparte）曾稱中國為「沉睡的巨人」（Sleeping Giant），並警告說：「讓他繼續沉睡吧！萬一醒來的話，他將撼動世界。」二〇一四年訪問法國的中國最高領導人習近平說：「中國這頭獅子已經醒了，但這是一隻和平的、可親的、文明的獅子。」打算以這句話消除西方陣營對中國的疑慮。

　　對中國的疑慮加劇，是導因於二〇一三年眾所皆知的駭客事件。二〇一三年美國《華盛頓郵報》報導，該報獲得一份美國國防科學院委員會（DBS）的機密報告，內容提到以中國政府為後台的駭客集團已大量取得F-35戰鬥機、全球鷹無人偵察機、愛國者導彈系統、戰區高空防衛系統（THAAD，薩德系統）、神盾艦飛彈防禦系統等的設計圖及主要情報。然而根據美國判斷，即便中國偷走了尖端武器情報，其製造足以實質威脅美國的能力仍屬有限，所以並未發生嚴重衝突。不過二〇一五年中國宣告半導體產

業崛起，清華紫光集團擬出面收購美國綜合半導體業者美光科技（Micron Technology）和晟碟（即新帝，SanDisk），美國立時陷入再也無法坐視的處境。

哈佛大學客座教授格雷厄姆・艾利森（Graham Allison）在自己的著作《注定一戰？》（Destined for War）中闡述：「崛起強權挑戰統治強權的案例有十六起，其中十二起爆發戰爭，只有四起避免戰爭，和平過渡。」美國和中國的強權競爭是第十七次。中國想恢復以往稱霸亞洲、號令天下的主導性影響力，於是開始強化內部的社會控制，同時操作民族主義情感。中國還有個夢想，希望在經濟、國防、科學、技術、文化等部門領先世界。現在習近平提高聲量說：「中華民族偉大復興的目標，需要一支強大的人民軍隊。」歷經三十年的美國霸權和平（Pax Americana），是否該落幕了？

● 新型大國關係和美國的覺醒

二〇一三年，習近平繼胡錦濤之後在全球的注目下接班。他以快速成長的中國國力為基礎，向國內外宣布要實現中華民族偉大復興的「中國夢」。

二〇一三年六月美中非正式會晤在加州舉行，習近平對當時的美國總統巴拉克・歐巴馬（Barack Obama）所提出的「新型大國關係」架構包括了三大內涵——那就是「建立不衝突、不對抗，相互尊重和合作共贏的關係」。這個提案想建立的是非單向主導的相互尊重關係、非零和（Zero Sum）遊戲的雙贏（Win-Win）關係、不彼此猜忌的信賴關係、非失衡的全面性發展關係，以及非排他利己的開放性包容關係。

不過中國的大膽躍進，意味著在美國所主導的世界秩序中，中國已有舉

足輕重的影響力，因此強硬派主張不應接受中國提議一事，格外受到注目。沒有發生戰爭，卻要放下霸權國的地位，通常被認為這是國內外情勢導致霸權國喪失對峙能力時才有可能發生的情況。美國為了維持獨霸的地位，也開始思考應當有所行動。

在經濟持續低成長、政治亦處於困境的美國，「美國優先」（America First）的國族主義運動達到空前盛況，此事受中國影響極大。中國拿走了美國的工作機會和財富，認為中國將成為美國最大敵人的論點也得到許多人的認同。

美國第四十五屆總統唐納・川普（Donald Trump）任命當時為民主黨黨員的經濟學家彼得・納瓦羅（Peter Navarro）為白宮國家貿易委員會主任，他的代表著作包括《美、中開戰的起點》（*Crouching Tiger：What China's Militarism Means for the World*）等書。身為對中的強硬派，納瓦羅常被歸類為「政治教授」（Polifessor：政治「Politics」與教授「Professor」的合成詞），從上一屆川普政府開始至今，無論其所屬政黨為何，在戰略上縱有些許差異，但依然維持對中強硬路線。

● 第四次工業革命引發的半導體戰爭序幕

由美國國際政治學者喬治・莫德斯基（George Modelski）等人發展出來的「領導者之長週期理論」（Theory of Leadership Long Cycle）指出，在創新技術變革發生的特定時期，能掌握以該項技術為基礎之產業的大國，就能成為引領時代的領導國，進而主導國際、政治、經濟秩序。中國在許多領域都已超越美國或達到與美國相近的水準。在5G技術通訊設備市場，中

國已經打敗美國；在包含電動車、機器人、無人機等尖端製造業領域，中國也正大力推動支持政策，期能領先美國。

二〇一五年中國宣告半導體產業崛起，頒布著名的「Made in China 2025」計劃──《中國製造二〇二五》，當時韓國最害怕的腳本就是中國順利達成計劃。中國有無止境的數量攻勢，就像傳說中的「聚寶盆」一樣，只要把東西裝進去就會不斷增加，裡頭的東西絕不會減少。不只對美國，中國對韓國也相當具有威脅性。假使美光和晟碟依照中國的計劃被中國企業併購，而美國又不制裁華為（Huawei）和海思（Hi-Silicon）的話，不僅半導體產業，就連國際政治格局也會有巨幅的轉變。

● 從根本的視角看半導體戰爭的未來

若說中國是「聚寶盆」，那美國就是「印鈔機」。美國身為主要貨幣國，其所採取的策略不再只是將半導體產業交給市場，而是以任何國家都望塵莫及的強力支持，盡速將全球半導體的供應鏈中心移往美國。

自一九八〇年代後期起，與我們所熟悉的「全球化」（globalization）正對比的「去全球化（De-Globalization）」時代逐漸逼近。美國只關注在短期內蓋好半導體代工廠的戰略，所以難有長期規劃。美國與中國的競爭日趨激烈，這些國家未來所使用的戰爭武器，將由足以生產高水準人工智慧（AI）、衛星通信、以及可以驅動這些產品的硬體（H/W）等的尖端製造業競爭力一決勝負。

以AI為基礎的所有產品都能在美國製造，從這個觀點來看，美國幾乎算是不具備半導體及尖端零件、尖端製造業基礎的不毛之地。不過美國的半

導體設計能力和政府的資金支持能力，遠遠超過全球的競爭國家，美國如果提高半導體及尖端製造業的本國比重，大陸的小康政策也可能因此大幅動搖。再者，吸引代工廠投資並非美國的主要目標，美國想強力推動的是透過未來的生產性革新所引發的尖端製造業復甦。

第四次工業革命開始啟動，人工智慧產業也逐漸導入各項領域。如今與十年前相比，產業雖有驚人成長，但是若等十年後再回顧，恐怕又會讓人感覺今日的水準像是茅塞未開。

巨大的變化帶來巨大的機會。如果能藉由本書更深入理解美國和中國的策略及其利弊得失，相信對於政策決定和投資判斷會有所助益。

金榮雨

第 1 章

去全球化時代的到來

美國著名的未來學家艾文・托佛勒（Alvin Toffler）將「第三波」（The Third Wave）時代定義為後工業社會，這個階段的核心為「資訊化革命」。他指出自一九五〇年代後期，開始出現從工業社會轉向為資訊社會的新改變，並預測未來的社會將是去大量化、多樣化、知識基礎生產及變化加速的社會。他在一九七〇年出版的著作《未來的衝擊》（Future Shock）也預見了核心家庭的改變、基因革命、通信革命、拋棄式用品的生活化等轉變。

一九九〇年《大未來》（Powershift）一書問世，書中指出過去的權力是政治性、軍事性、經濟性的權力，未來則是由擁有文化力量的主體形成新的權力，新的權力可以透過電腦或資訊、網路、電影與媒體等基礎而產生。他主張新權力的擁有者主要是個人主義者、使用電腦處理業務、使用媒體再生產知識的整合者。

不過權力並非那麼容易移轉，雖然有可能如托佛勒所主張那樣，但是從國家間的權力移轉觀點來看，又另當別論。因為如果由足以掌控資訊、網路、媒體等產業的強國主導全世界的話，其他國家就只能從屬於該強國之下。

全球化與半導體產業

半導體在韓國被稱為「產業之米」，其重要性再怎麼強調都不為過。儘管不一定能察覺到，但我們確實已經被內建在產品中的半導體所包圍。一九八〇年代，美國哈佛商學院（Harvard Business School）的希奧多・李維特（Theodore Levitt）教授成功地將「全球化」概念引介給社會大眾，這

個概念已經確立為企業追求經濟利潤極大化的基本策略。從商業角度來看，半導體產業正是全球化最成功的案例。

在經濟方面，全球化透過商品、服務、技術、資本的快速移動，提高全世界各國在經濟上的相互依存；在商業方面，則是以鬆綁國際貿易規範、降低關稅與限制的方式，制定出全球得以創造最大利益的戰略。

區域專業化為基礎的全球化半導體供應鏈

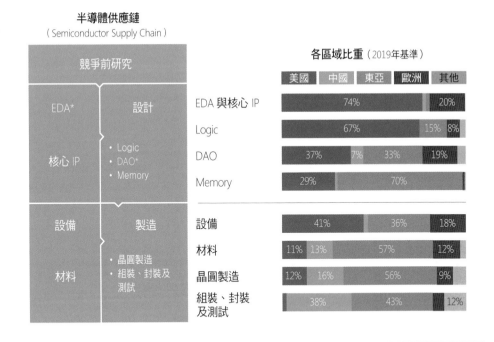

半導體供應鏈
（Semiconductor Supply Chain）

各區域比重（2019年基準）

	美國	中國	東亞	歐洲	其他

EDA 與核心 IP　74%　20%
Logic　67%　15%　8%
DAO　37%　7%　33%　19%
Memory　29%　70%

設備　41%　36%　18%
材料　11%　13%　57%　12%
晶圓製造　12%　16%　56%　9%
組裝、封裝及測試　38%　43%　12%

競爭前研究

EDA*　設計

核心 IP
- Logic
- DAO*
- Memory

設備　製造

材料
- 晶圓製造
- 組裝、封裝及測試

*EDA＝Electronic Design Automation（電子設計自動化）
*DAO＝Discrete, Analog, Other（分離式、模擬、其他半導體）
資料來源：BCG

　　「全球化生產」在這項戰略基礎上占有重要的意義。我們不知不覺間已經習慣「跨國企業」的名稱，而半導體產業正是可以劃分為技術密集、資本密集、勞動密集部門，且有效形成全球協力及分工的代表性產業。

全球化時代：中國脫穎而出

　　一九八〇年代的全球化大致擺脫不掉「自由民主主義 vs. 共產主義」的基本陣營理論，不過一九八九年德國的柏林圍牆倒塌；一九九一年蘇聯瓦解，接著透過民主選舉選出俄羅斯總統。美國政治經濟學家法蘭西斯・福山（Francis Fukuyama）在自己的著作《歷史的終結與最後之人》（*The End of History and Last Man*）中，以自由主義與共產主義的框架說明意識形態對決的歷史，他主張「自由主義的勝利，進步的歷史就此結束」。

　　福山強調「歷史之終結，是在全人類追求滿足物質需求的過程中，全球市場成為一個共同市場，且是生活在民主主義政治體制下的世界，這個世界是和平的，全人類也同時能滿足物質上的需求。於是大型的歷史鬥爭消失，充斥著僅是局部性的事件，或許是個生活相當令人倦怠的世界。這也意味著冷戰終結的同時，事實上永遠和平的時代也到來了」。他強力主張「再也不會有足以帶來歷史發展的鬥爭了」。這也是反映與冷戰終結同時出現所謂「美國霸權和平」樂觀論的表現。而世界經濟則透過全球化的商業變化迎向發展期。

　　一九九二年中國正式決定開放經濟，低人事成本與高生產性的優勢，使中國扮演起世界工廠的角色。以美國為主的西方國家都樂觀預期，一旦中國

經濟開始發展，中國就會轉型走向民主。一九九○年以後，所謂的全球化加速成為時代主流，企業爭相前往全球成長最快速的中國建立生產基地，結果當今的製造業生態已經不在乎民主／共產陣營，導致大部分的製造部門都要依賴中國。原本一九八二年國內生產毛額（GDP）世界排行第九的中國，在二○一○年超越日本，上升到全世界第二名。

2020年經濟成長率 vs. 2021年經濟成長率預測：表現搶眼的中國

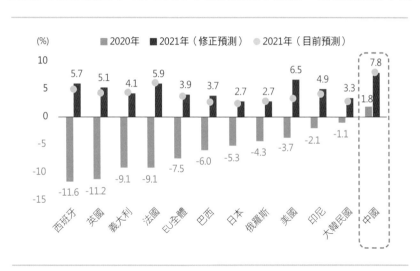

*「目前預測」數值為2020年12月公布，「修正預測」數值為2021年3月公布。
資料來源：OECD，SK證券

去全球化時代的兩大強權：第二次冷戰

　　中國成為全球化最大的受惠國。然而，即便在經濟上已經起飛，中國卻仍未走向民主化，而是依舊維持所謂社會主義市場經濟的獨有特性。甚至隨著時間流逝，中國反而強硬地站在美國和西方國家的對立面，與當初的預期迥然不同。

　　此刻我們有必要高度關注與深入分析「第二次冷戰」（The 2nd Cold War）興起。因為過去的民主／共產陣營理論一旦復活，就連全球合作與分工整合良好的半導體產業，也將無可避免會產生巨大變化。

　　如今世界正面臨去全球化的轉型期，冷戰時期體制競爭中常用的「自由與人權」詞彙再度浮現，成為國際關係中的關鍵字，同時強調「國家間的管制與制裁」重要風險。

　　這種變化帶來了半導體產業遽變及因應，還有即將重新到來的大好機會，現在已經到了我們必須深入思考的時刻。

● 提醒製造業重要性的新冠肺炎疫情

　　源自中國、眾所周知的新冠肺炎疫情對全球經濟帶來莫大的衝擊。在疾病傳染初期，雖然中國預期將受到最大衝擊，但是因為二○二○年三月以後初步防疫有成，使中國經濟得以快速恢復，並呈現明顯的經濟成長。反之全球化的主要國家卻傳出嚴重災情，尤其是觀光及服務業在GDP中占比高的歐洲國家，受害最為嚴重。即便本書出版時新冠肺炎疫情已經一年多，歐洲國家經濟至今仍然受疫情影響。

新冠肺炎疫情初期防疫有成的中國

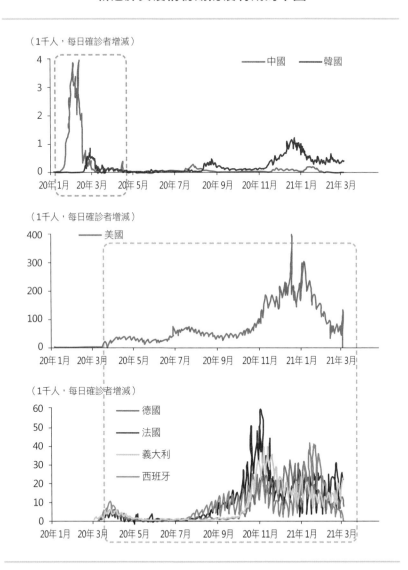

資料來源：WHO，SK證券

● 促使朝未來產業轉型的腳步加速的新冠肺炎疫情

新冠肺炎也促使朝未來產業的轉型加速進行，像是以特斯拉（Tesla）為代表，轉型為電動車、自動駕駛、訂閱經濟等的改變；亞馬遜（Amazon）最能代表的平台與其擴張性、蘋果（Apple）的無形資產與革新、ZOOM所呈現的「非面對面」經濟形態活化等等。尤其中國的斬獲更是不容小覷，在人工智慧、遠距醫療、自動駕駛、虛擬實境（VR）、無人機等領域，中國已

由股市可見世界的變化

(2015.01.01=100)

資料來源：Bloomberg，SK證券

未來產業領域裡中國的排行變化

分類	研究領域	中國 第一名領域數	美國 第一名領域數
電池	鋰子電池等 8 項	8項	0項
半導體	單原子層	1項	0項
新材料	撓性材料等 9 項	8項	1項
醫療生技	基因編輯等 7 項	2項	5項
化學	氧化還原等 4 項	3項	1項
環境	環保彈	1項	0項

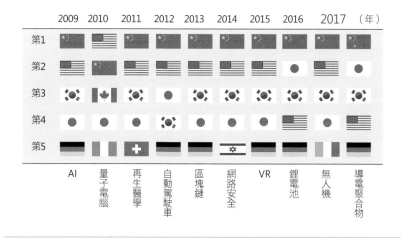

資料來源：日本經濟新聞，SK證券

正在追趕美國的中國

美國在全球經濟所占比重
1980 年代最高為 35%，2020 年為 24.8%；
中國所占比重
從 2003 年的 4.3% 增加到 2020 年的 18.2%。

24.8

18.2

資料來源：IMF，SK 證券

2027 年可能超越美國的中國

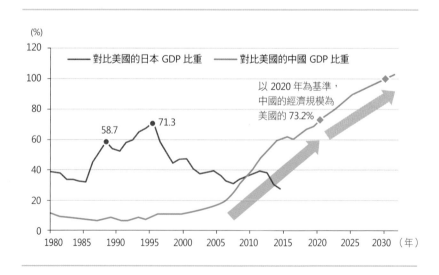

以 2020 年為基準，
中國的經濟規模為
美國的 73.2%

58.7　71.3

資料來源：IMF，SK 證券

經超越美國或是達到相近水準。此外在尖端產業及零件、人工智慧領域，中國與美國也激烈競爭。

想保住霸權地位的美國與想挑戰霸權的中國，這兩者間的競爭和過去歷年來的第二大國挑戰在結構上有所不同。一九五〇至一九七〇年代的蘇聯、一九八〇至一九九〇年代的日本和德國等國，最高只達到美國經濟規模的七〇％，但是中國在二〇一〇年經濟規模已經上升到世界第二，以二〇二〇年為基準，更是達到美國經濟規模的七三・二％。

中國並非僅以特定產業為主力，而是在所有領域都嶄露頭角，特別是尖端產業的領導地位也更強化。照此發展態勢，預測中國在二〇二七年——最遲在二〇三〇年就會超越美國的經濟規模。保有最大經濟規模的中國一旦在未來產業掌握霸權，屆時也可能成為世界第一強國。

● 美國與中國的產業主導權競爭

那麼，美國與中國會在哪些領域展開競爭？雖然過去兩國的競爭範圍僅限於鋼鐵、機械、汽車、造船等特定產業，但是以後牽動的不只是未來的主導性產業，而會在多項領域展開競爭。

在包括以「央行數位貨幣」（Central Bank Digital Currency，CBDC）為主的儲備貨幣排名競爭的貨幣霸權、以國際秩序為基礎的貿易霸權、5G和6G等通訊基礎建設、太空產業、半導體以及由此衍生的第四產業等領域，兩國必然有一番主導權競爭。

美國 vs. 中國

美國	競爭領域	中國
· 致力穩固做為儲備貨幣的美元地位 · 美國聯邦準備制度評估數位美元 · 比特幣等虛擬貨幣的ETF上市批准及擴大	**目前的貨幣與CBDC**	· 推動人民幣的國際化 · 人民銀行全球最早主動研究CBDC · 以數位人民幣進出石油市場，螞蟻金融服務集團成長
· 在WTO體制之外主導CPTPP*等環太平洋貿易協定 · 連結美元支付系統，以維持國際貿易系統	**貿易霸權**	· 透過「一帶一路」擴大影響力 · 決定主導以中國為中心的RCEP*，對應美國為中心的TPP*
· 與中國在5G技術標準的決戰，卻居於下風 · 為取得6G先機，推動低軌道衛星發射、通訊基礎建設架構	**5G和6G**	· 華為等中國企業擁有超過1/3的5G標準專利許可 · 近20年的標準規格戰爭陣地戰準備（人力與技術性） · 包含衛星發射在內，為取得6G議題先機著手準備
· 從以探勘為目的的市場，發展成應用於旅行與衛星發射的產業 · 伊隆·馬斯克（Elon Musk）與傑夫·貝佐斯（Jeff Bezos）的競爭 · 藉低軌道衛星架設網路、通訊網、確保資料等	**太空競爭**	· 兩家國有企業（航天科工集團、航天科技集團）主導太空活動 · 自2014年起將民間參與太空開發定為革新核心領域 · 被評估為可利用製造業優勢大量生產衛星和火箭的國家
· 自動駕駛、電動車、量子電腦等占有優勢 · 正式以發展半導體製造為目標	**尖端產業及半導體**	· 物聯網、無人機、再生電池、AI、VR等占有優勢 · 半導體出現挑戰後停滯不前

* CPTPP（Comprehensive and Progressive Agreement for Trans-Pacific Partnership）：「跨太平洋夥伴全面進步協定」，以亞太地區經濟整合為目標的多邊自由貿易協定。
* TPP（Trans-Pacific Partnership）：「跨太平洋夥伴協定」，亞太地區國家的自由貿易協定。
* RCEP（Regional Comprehensive Economic Partnership）：「區域全面經濟夥伴協定」，由東協十國與韓、中、日三國，加上澳洲、紐西蘭、印度等共十六國參加。

● 去全球化的轉型：全球供應鏈的擴張減緩

受到重創全球的新冠肺炎疫情影響，預估二〇二一年的全球經濟將因為「基期效果」而有高成長。不過除了基期效果的影響外，全球經濟的中長期方向可以用「新常態」（New Normal，低成長、低通膨、低利率）說明。此外，這裡要加上美國與中國之間的霸權爭奪，以及世界正邁向「去全球化」的時代。所謂「去全球化」，是指降低全球特定單位（主要為國家、地區）間的相互依存性及整合的過程，為了使本國利益極大化，最後進化成自給自足與在地化（Localization，為政治或經濟上目的而形成的國家或團體

第二次世界大戰後首度後退的全球化

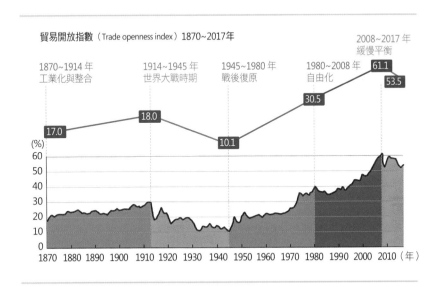

貿易開放指數（Trade openness index）1870~2017年

1870~1914 年
工業化與整合

1914~1945 年
世界大戰時期

1945~1980 年
戰後復原

1980~2008 年
自由化

2008~2017 年
緩慢平衡

17.0　18.0　10.1　30.5　61.1　53.5

資料來源：PIIE，SK 證券

自由貿易（WTO）的在地化趨勢增加的世界各國

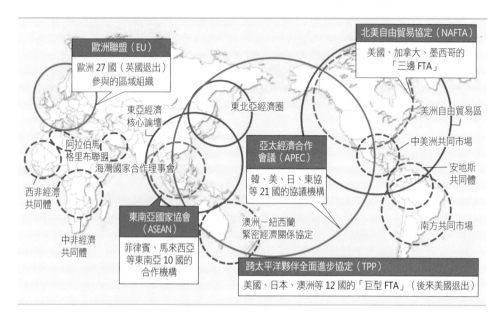

歐洲聯盟（EU）
歐洲 27 國（英國退出）參與的區域組織

北美自由貿易協定（NAFTA）
美國、加拿大、墨西哥的「三邊 FTA」

東亞經濟核心論壇

東北亞經濟圈

美洲自由貿易區

阿拉伯馬格里布聯盟

海灣國家合作理事會

亞太經濟合作會議（APEC）
韓、美、日、東協等 21 國的協議機構

中美洲共同市場

安地斯共同體

西非經濟共同體

中非經濟共同體

東南亞國家協會（ASEAN）
菲律賓、馬來西亞等東南亞 10 國的合作機構

澳洲－紐西蘭緊密經濟關係協定

南方共同市場

跨太平洋夥伴全面進步協定（TPP）
美國、日本、澳洲等 12 國的「巨型 FTA」（後來美國退出）

資料來源：《國民日報》

之類的集合）結合的形態。

　　若從經濟觀點來看，這種形態無可避免會降低決策效率，而且會引發協定參與者重疊等的問題。不過，若判斷策略性結盟的利益將大於完全開放的利益，那經濟在地化就可以藉由排他性成為提升協商能力的利器。

● 贏者全拿（Winner takes it all）

　　我們不能忽略一項事實，第四次工業革命帶動的主要產業模式改變，將使兩極化加速進行。自二〇〇八年手機革命後，二〇二〇年代因為新的融合

新的工業典範轉移

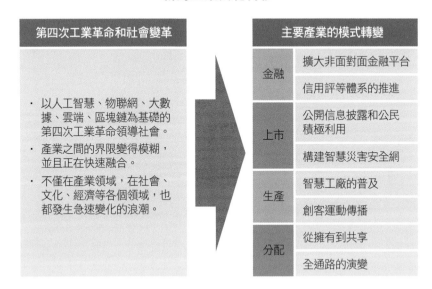

第四次工業革命和社會變革	主要產業的模式轉變	
・以人工智慧、物聯網、大數據、雲端、區塊鏈為基礎的第四次工業革命領導社會。 ・產業之間的界限變得模糊，並且正在快速融合。 ・不僅在產業領域，在社會、文化、經濟等各個領域，也都發生急速變化的浪潮。	金融	擴大非面對面金融平台
		信用評等體系的推進
	上市	公開信息披露和公民積極利用
		構建智慧災害安全網
	生產	智慧工廠的普及
		創客運動傳播
	分配	從擁有到共享
		全通路的演變

資料來源：SK證券

應用，產業模式也隨之進化。從以下幾點當紅趨勢可以看出這種改變，包括從「面對面」到「非面對面的線上日常化」、朝共享經濟與全通路（Omni-channel，提供消費者可以在線上、實體、行動電話等各種通路來回搜尋、購買商品的服務）的轉型、勞動密集式製造轉型為智慧製造的智慧工廠等等。而全球只有極少數的國家能主導5G、AI、IoT（物聯網）、自動駕駛等尖端產業的成長。

因此這種改變意味過去的20／80法則有可能修正到10／90或5／95以上，成果將更加集中在少數人手上，加深兩極化的現象。這個特點在

從 20／80 法則到 10／90 法則：兩極化的深化

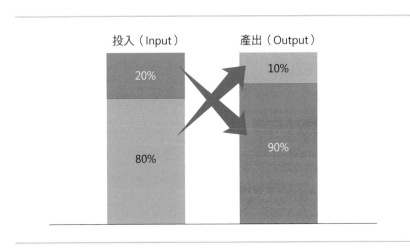

資料來源：SK 證券

美中霸權角力中也同樣適用，然後極可能藉霸權競爭延續下去。

如果把二○○八年金融危機以前視為一段因「貿易成長（Trade Growth）＞GDP成長（GDP Growth）」趨勢而進入全球供應鏈大力擴張的全球化時期，那麼金融危機以後，這種趨勢轉為「貿易成長≒GDP成長」，如今則是呈現全球價值鏈（GVCs，Global Value Chain）萎縮（停滯）、不再擴張的樣貌。這也代表整體交易中的中間財比重萎縮的現象。

經濟合作暨發展組織（OECD）和世界貿易組織（WTO）預估，即便新冠肺炎危機解除，「GDP成長≧貿易成長」的趨勢仍將繼續維持。在美中去全球化和在地化程度加深的同時，人們對全球價值鏈再擴張的期待也將隨之降低。

全球價值鏈2010年代以後的擴張限制趨勢

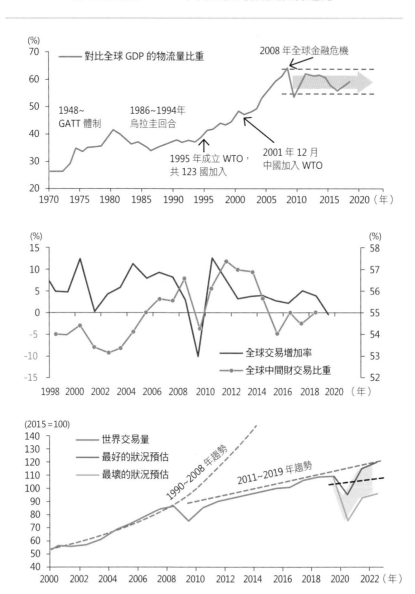

資料來源：UN Comtrade，世界銀行，WTO，SK證券

　　就算美中建立各自的供應鏈，當然也不代表兩國會快速進入封閉競爭，不過目前已經可以明顯看到所謂部分交流及限制的封閉狀況。

● 美國 vs. 中國無可避免的排他性：半導體自給自足

　　就結論來說，在後新冠肺炎時代與去全球化（≒供應鏈與交易等萎縮）、兩極化（≒10／90的社會）的洪流中，為了配合所謂朝數位經濟轉型（≒非面對面）、環境經濟（≒低碳）的大趨勢，避免過度依賴全球價值鏈，並在本國和經濟區域內建構各自的供應鏈勢在必行。尤其在屬於未來產

後新冠肺炎時代的確保供應鏈競爭

國家	政策	細部策略
韓國	修改及實施「韓商返鄉投資支援法施行令」	·擴大支援對象業種（製造業＋資訊通信業、知識服務業）
	材部設 2.0 策略〔譯註：指材料、部品（零件）、設備〕	·強化扶植尖端材部設的生產力及供應鏈 ·透過吸引尖端產業投資及韓商返鄉形成全球性群聚
美國	支持回流	·政府鼓勵、調降公司稅、減免匯回稅、放鬆管制
	核心必要產業國產化	·支持個人保護設備、必需醫藥品的回流及國內採購 ·推動支持半導體產業法案 ·強化去中國化的供應鏈①限制對中國半導體企業輸出 ·強化去中國化的供應鏈②強化排除中國的供應鏈網絡
日本	支援強化國內供應鏈	·高品質產品、零件、材料，及國民健康重要產品的生產基地
	分散海外供應鏈	·支援日本海外法人對東協國家的設備投資資金

資料來源：KOTRA（「新冠肺炎共存時代的全球供應鏈穩定方案」），SK證券

業核心的半導體製造等領域，更是非保留不可。別說是中國，就連美國也一樣，都必須透過一套自給自足的生態架構確保各自的供應鏈，事先做好排他性狀況發生時的因應措施。

第 2 章

半導體產業的
結構與本質

探討半導體產業之前，需要先熟悉半導體的基本結構和用語。因為了解半導體產業的基本分類與全球分工結構概況，能更為洞悉諸多資訊的本質。

半導體產業的分類

半導體產業大致可分為記憶體半導體與系統半導體。過去韓國半導體產業以發展記憶體半導體為主，所以曾將半導體分為記憶體半導體與非記憶體半導體。我們對於以動態隨機存取記憶體（DRAM）和儲存型快閃記憶體（NAND）為代表的記憶體半導體產業相關新聞早已熟悉。不過在迎接以5G連結的人工智慧時代到來後，現在更引人關注的是系統半導體與晶圓代工產業的爆發性成長。

● 記憶體半導體vs.系統半導體

半導體產業依照用途的不同，可分為記憶體半導體與系統半導體。記憶體半導體用於暫時或永久儲存資料，而系統半導體則主要用於處理資料。從設計到生產最終產品全部包辦的半導體企業稱為IDM（Integrated Device Manufacturer），也就是整合元件製造商。IDM適合少樣、大量生產，在記憶體半導體產業經常可見。

三星電子、SK海力士、美光、鎧俠（Kioxia、キオシア，二〇一九年十月起公司名稱由「東芝記憶體」改名為「鎧俠」）等生產記憶體半導體（DRAM及NAND）的企業，大都是從產品設計到生產、銷售，獨自包辦全部流程。當然也有生產能力不足而委託專業生產廠代工的情況。

半導體產業的分類

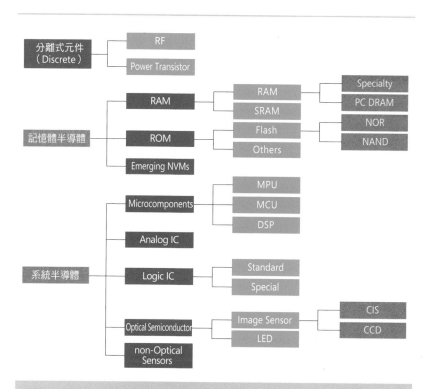

全世界存在各式各樣的半導體。在我們所熟知的DRAM、NAND之外，還有無數種的系統半導體以及構成系統半導體的元件。看似複雜的半導體產業，是由哪些品項組成？而它的市場競爭布局與成長性又是如何，這些都需要加以探討。

　　系統半導體廠與記憶體半導體產業不同，生產時會將個別產品的特有功能反映在設計上，然後製造出許多不同種類的半導體。我們熟悉的CPU（中央處理器）、GPU（圖形處理器）、ASIC（特殊應用IC）、AP

記憶體半導體與系統半導體

記憶體半導體	系統半導體
IDM （整合元件製造商） 從設計到生產最終產品， 都自己包辦執行的公司 少樣大量生產 三星電子、SK海力士、英特爾、 美光、鎧俠、YMTC等	將個別產品的特有功能 反映在設計上所製造出 來的多種半導體 CPU、AP等 多樣客製化產業 相較於記憶體半導體， 屬多樣少量生產

（application processor，應用處理器）等各式各樣的客製化設計生產的系統半導體，一般都是多樣少量生產。至於被廣泛使用的英特爾（Intel）與超微（AMD）的CPU、輝達（NVIDIA）的GPU等系統半導體，當然就是以相當大的規模生產。即便如此，若是從產量的角度來看，是可以看出相較於記憶體半導體，系統半導體是以客製化區隔少量產品生產。

● 記憶體半導體的核心：DRAM與NAND

記憶體半導體主要分成使用於作業系統執行的DRAM，以及儲存資料時執行儲存（Storage）功能的NAND。原本是分為RAM（Random

記憶體半導體與非記憶體半導體的差別

記憶體半導體		非記憶體半導體
儲存資料	目的	處理資料
DRAM、SRAM、VRAM、ROM等	產品	CPU、ASIC、MDL、多媒體IC、電源管理IC、個別元件等
少樣大量生產	生產方式	多樣少量生產
微細製程等硬體量產能力	技術性	設計與軟體技術能力
前期技術研發，資本力、設備投資	競爭力	優秀的設計人力、設計技術

Access Memory，隨機存取記憶體）與ROM（Read Only Memory，唯讀記憶體），我們一般常用的DRAM以及速度更快的SRAM（靜態隨機存取記憶體）都屬於RAM，三星電子與SK海力士DRAM、SRAM皆有生產。

　　DRAM能記憶短時間內作業的資料內容，速度快，但是電源關掉後這些資料都會全部消失，稱為揮發性記憶體（Volatile Memory）。因此作業系統若僅有DRAM，使用上會有所局限，所以需要有即使關掉電源還是能

DRAM 的市場占有率

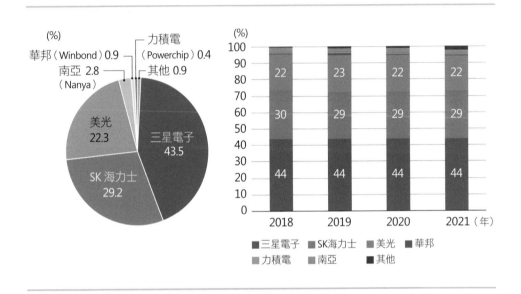

資料來源：HIS Market，Trendforce

繼續儲存資料的半導體。原本是由稱為硬碟（HDD）的裝置執行儲存資料的功能，但是速度太慢，所以被稱為儲存型快閃記憶體的半導體晶片因而大受注目。NAND是電源關閉後仍可儲存資料的代表性非揮發性記憶體（non-Volatile Memory）。

● 遭壟斷的記憶體半導體產業，想攪局的中國

　　記憶體半導體產業之中，DRAM已經形成壟斷的局面。三星電子與SK海力士的市占率達到七〇％的水準，與美國的美光維持三強局面。美光是在

NAND的市場占有率

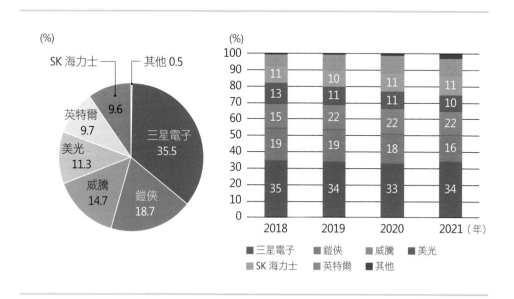

資料來源：HIS Market，Trendforce

美國國內生產，美國政府想與中國維持技術落差的決心也相當強烈，因此想推動DRAM相關產品研發及量產的中國企業經常受美光控告及美國政府制裁等接連的強力牽制。由於技術難度高，新企業要進入的障礙相對也高很多。

　　NAND的情形則與DRAM截然不同。NAND有六家企業激烈競爭，受中國政府全面支持的清華紫光集團子公司長江儲存（YMTC）也想進入市場。在流動性高的基礎上，看到想進入市場的競爭者有中國政府當靠山，難免有愈來愈多人預測韓國半導體的前景黯淡。

記憶體半導體的市場成長預測

（100億美元）

年	數值
2019	1,155
2020	1,259
2021	1,519
2022	1,624
2023	1,506

資料來源：HIS Market，Trendforce

　　不過現在NAND市場也產生新的變化，尤其是原本排行五至六名的SK海力士收購了英特爾旗下的NAND事業部門。兩家公司完成合併後，SK海力士的NAND事業部重生為全球NAND第二大廠。在此同時，如果預計二〇二一年下半期一七六層4D開始量產，那麼技術方面預期也將展現與約排名第二的鎧俠和威騰電子（Western Digital Company）相同水準的實力，甚至可能超越。由於過去在NAND市場叱吒風雲的TOSHIBA趨於沒落，接班的日本鎧俠與威騰電子的根基也大為動搖。另一方面，中國的長江儲存也因為清華紫光幾度面臨財務危機，未來充滿了不確定性。雖然中國政府不可能放任它倒下，但是如果無法順利與美國、日本、歐盟的半導體設備商往來，光靠雄厚的資金，恐怕也將難保產業的競爭力。

系統半導體產業的分工結構

系統半導體的種類可說是多到不可計數。只要智慧型手機裡的AP與通訊模組、PC裡的CPU、洗衣機和冰箱裡的MCU（microcontroller，微控制器）等許多領域有需求，廠商就能依照功能特性，客製化生產供應半導體。因此光是已知的系統半導體，數目就達到八千多項。類比IC、邏輯IC、被稱為光學半導體的CMOS影像感測器（CIS，CMOS Image Sensor），當然還有全面席捲照明市場的LED（發光二極體）在內的各種半導體感測器，全都屬於系統半導體。

如此多樣的系統半導體，不可能由廠商獨自包辦所有生產流程。因此系

系統半導體

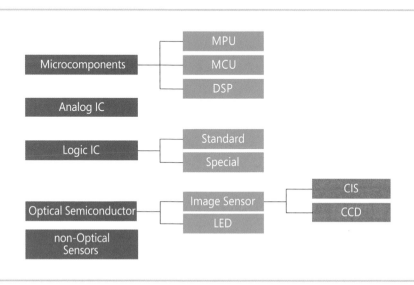

統半導體產業形成了由①無廠半導體公司，即無晶圓廠的IC設計專門廠商（Fabless）、②受設計廠商委託專門從事生產的晶圓代工廠（Foundry）、③委外封裝測試代工廠（OSAT，Outsourced Semiconductor Assembly & Test）組成的全球供應鏈，這也是全球產業分工化程度最高的產業。

● IC設計廠、晶圓代工廠、封裝測試廠

・IC設計廠（Fabless）：不生產半導體，專門從事設計的廠商

前面提到的IDM廠，是指從設計到生產最終產品、銷售，全部由自己執行的半導體廠商，像三星電子、SK海力士、英特爾都是代表性的IDM廠商。

反之，自己沒有半導體生產工廠及設備，僅從事半導體設計的專門廠商，我們稱之為IC設計廠。最具代表性的設計廠商有輝達、超微、高通（QUALCOMM）、華為的半導體設計子公司海思半導體等，蘋果也是自行設計使用全球高水準AP與CPU的代表性設計廠商之一。特別是蘋果，正在建構同時掌控作業系統（OS）與半導體設計的獨特地位。作業系統或雲端服務（Cloud）廠商要設計符合自己需求特性的系統半導體，會相當具有優勢。因此不僅是Google已經跨入這個領域，就連亞馬遜、阿里巴巴、微軟（Microsoft）等企業也都跨入供應自家需求的系統半導體設計部門。

・晶圓代工廠（Foundry）：代工生產由外部廠商所設計的半導體產品的專業製造廠

晶圓代工廠是指接受半導體設計專業廠委託代工生產半導體的製造廠。

IDM、IC 設計廠、晶圓代工廠、封裝測試廠

IDM	IC 設計廠	晶圓代工廠	封裝測試廠
從設計到生產最終產品、銷售，全部由自己執行的半導體廠商	專門從事半導體設計的廠商	代工生產由外部廠商所設計的半導體產品的專業製造廠	將晶圓代工廠生產的半導體晶片組裝後，進行封裝及測試的專業廠

Foundry原本是指生產金屬鑄物的工廠，但自一九八○年代中期沒有生產設備、卻具有頂尖半導體設計技術的企業興起，這些企業對專門生產半導體的製造廠需求大為增加。對比於IDM廠自行生產半導體的情況，晶圓代工廠和IC設計廠的合作是必要的。萬一晶圓代工廠的生產技術比IDM落後，那IC設計廠所設計的半導體效能也無法有良好的表現。目前專業晶圓代工廠台積電（TSMC）的製造技術遠遠超過IDM廠的英特爾，英特爾的地位因此大幅下降，晶圓代工廠則迎接全盛時期的到來。

· **封裝測試廠：將晶圓代工廠生產的半導體晶片組裝後，進行封裝及測試的專業廠**

封裝測試廠是指將晶圓代工廠生產的半導體晶片封裝到足以商品化的程度或檢測產品不良與否的專業廠。半導體晶片本體的製造過程稱為前端製程（Front-end），封裝測試廠執行的封裝與測試則屬於後端製程（Backend）。

● 系統半導體產業的全球分工結構與附加價值創出

一般系統半導體的製造流程為「設計→代工→封裝測試」。IC 設計廠沒有工廠，所以委託外部廠商製造和封裝測試自己設計的產品。

如今已經到了全球半導體廠商為生產人工智慧晶片一決生死的競爭時代。人工智慧最重要的是必須保持隨時運作的「Always ON」狀態，因此消耗電力的重要性絲毫不亞於半導體本身的效能。

想生產低功耗、高效能的半導體，勢必要導入超精細的最新製程，所以人工智慧晶片通常會依產品別採用適合的最新製程生產。若是無法在擁有尖端技術（High-Tech）的晶圓廠生產，在全球市場也就無法獲得成功。如果半導體製程技術落後或是未能取得在最新製程產線上生產的機會，最後只能面對遭全球市場淘汰的命運。而這一點正是中國足以致命的弱點。

中國的製造能力相對於設計能力嚴重落後，這是中國在半導體產業結構上的弱點。中國引以為傲的華為旗下晶片設計公司海思半導體，擁有不比三星電子遜色的高水準半導體設計能力，並在二〇二〇年上半期成為中國第一家成功擠進全球前十大半導體企業的公司。不過中國的晶圓廠技術卻落後台積電與三星電子五至六年以上，再加上荷蘭艾司摩爾（ASML，編按：荷蘭公司艾司摩爾 ASML Holding N.V.，是半導體光刻機設備製造商）是全球唯一能夠生產用於先進製程的 EUV（Extreme Ultra Violet，極紫外光刻機台）廠商，而 ASML 目前並未供應機台給中國。

或許有人認為，既然無法使用內含美國技術的設備，那中國自行研發

系統半導體的產業結構

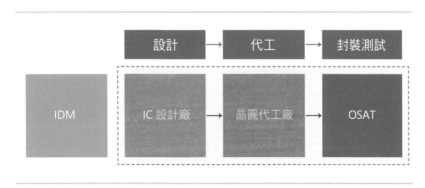

不就成了？不過光刻機技術的落差，可是遠遠大於DRAM、NAND、晶圓廠的技術落差。中國要跟上ASML目前的技術水準，至少需要十年以上時間，而十年後ASML的技術勢必又會達到完全不同於今日的水準。還有，EUV的光源是在美國聖地牙哥製造的。製造廠商西盟（Cymer）原本是美國公司，雖然二○一二年被ASML併購，但仍有許多技術被歸類為美國技術，因此供應中國EUV機台可不是件容易達成的事。

從下頁圖表可以看到半導體產業的全球供應鏈主要廠商及部門別的附加價值。在半導體設計部門（Fabless）中找不到中國企業，代工的晶圓廠也只有生產中段水準（Mid-end）半導體晶片的中芯國際（SMIC）名列其中。至於封裝測試的後段製程，因為是以大量設備投資及低廉人力成本為重點，所以能夠看到一部分的中國企業。不過後段製程的主力仍是台灣企業。只有在半導體產業裡附加價值相當低的位置中能找到一部分中國企業，這就是中國半導體所面對的現實。

半導體產業的主要企業及部門別附加價值

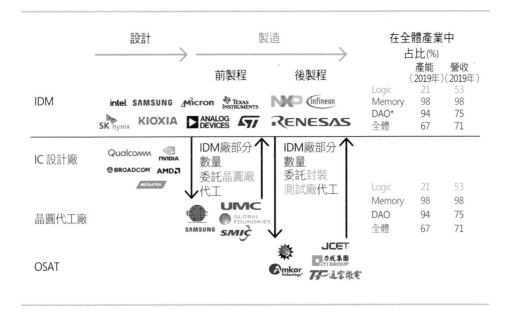

	設計	製造		在全體產業中占比(%)	
		前製程	後製程	產能(2019年)	營收(2019年)
IDM	intel SAMSUNG Micron TEXAS INSTRUMENTS SK hynix KIOXIA ANALOG DEVICES ST		NXP Infineon RENESAS	Logic 21 / Memory 98 / DAO* 94 / 全體 67	53 / 98 / 75 / 71
IC 設計廠	Qualcomm NVIDIA BROADCOM AMD MEDIATEK	IDM廠部分數量委託晶圓廠代工	IDM廠部分數量委託封裝測試廠代工		
晶圓代工廠	tsmc SAMSUNG	UMC GLOBAL FOUNDRIES SMIC		Logic 21 / Memory 98 / DAO 94 / 全體 67	53 / 98 / 75 / 71
OSAT			Amkor Technology JCET 力成集團 LTI GROUP TF通富微電		

資料來源：SIA，BCG，SK證券

● 八吋（兩百毫米）vs. 十二吋（三百毫米）

大家應該聽過「晶圓產業進入超級循環週期」這句話，不過很多投資者不了解晶圓產業如何區分，以及應該投資哪家公司，甚至在提到兩百毫米（mm）、三百毫米的晶圓產業話題時，往往也不懂得意思。這裡所提到的兩百毫米晶圓（Wafer，半導體材料切成的薄圓片）就是八吋晶圓，三百毫米晶圓則是指十二吋晶圓。

採用八吋晶圓的代工廠基本上是以老舊技術代工生產。我們一般所稱的

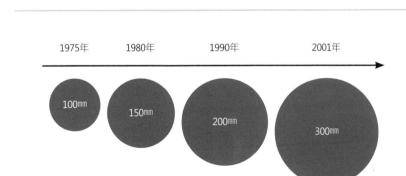

晶圓尺寸發展趨勢

七奈米（nm）、五奈米製程技術，指的都是使用十二吋晶圓的最新技術，八吋晶圓雖然也有奈米製程，但是大都仍用在以微米（μm）為單位的製程。生產技術不同，所代工生產的通常也是較為低價的半導體。生產高階半導體的代工廠都使用三百毫米晶圓，生產中、低階產品的代工廠則使用兩百毫米晶圓。

　　高階代工廠（High-end Foundry）有台積電和三星電子，他們採購具強大競爭力的設備，並投資鉅額研發費用，進入的門檻相當高。相對的中／低階代工廠（Mid-to-Low end Foundry）生產的是低價或超低價半導體，所以很難投資攻擊性的設備。因為折舊費用一旦增加，成本競爭力就會輸給競爭對手。

　　近來高畫素CIS（影像感測器）需求急遽增加，早已折舊提列完畢的

各應用市場別的全球半導體營收

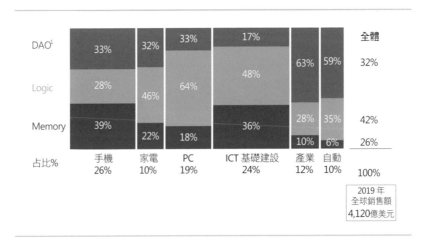

占比%	DAO[1]	Logic	Memory	
手機 26%	33%	28%	39%	
家電 10%	32%	46%	22%	
PC 19%	33%	64%	18%	
ICT 基礎建設 24%	17%	48%	36%	
產業 12%	63%	28%	10%	
自動 10%	59%	35%	6%	
全體	32%		42% / 26%	100%

2019 年
全球銷售額
4,120億美元

資料來源：SIA，WSTS，Gartner

DRAM廠（半導體製造廠）一般都轉換為CIS產線。只要良率能提升，用三百毫米晶圓生產CIS對成本而言會更加有利。使用兩百毫米晶圓生產CIS的代工廠日後將失去競爭力，所以極可能將產線轉為生產其他產品。

反過來說，這也代表三星電子和SK海力士的老舊DRAM廠可以改造成為在CIS及電動車等需求急遽增加的功率半導體製造廠。三星電子為了日後能在CIS領域擊退索尼（SONY），奪回第一的寶座，預期將會重新利用折舊提列完畢的DRAM廠；SK海力士除了CIS以外，也期望能利用DRAM廠與SK Siltron、SK Telecom攜手合作，開拓在功率半導體等新領域的產品。

第 3 章

中國的對美宣戰
「中國製造二〇二五」

中華人民共和國歷代經濟政策

美國與中國的貿易戰即是技術戰，同時也是霸權戰。若要深入探討中國的經濟政策，需先了解中國從毛澤東到習近平所堅持的經濟政策。中國共產主義之父——也是精神領導人的毛澤東以徹底的社會主義經濟體制治理國家，他過去所提出的國家發展計劃，大致可以摘要為「大躍進運動」與「文化大革命」這兩個關鍵字。

大躍進運動是為加速追趕上美國、蘇聯、英國、法國而提出的經濟成長計劃。它的由來起因於當時有些共產黨幹部憂心毛澤東的政策太過「激進」，毛澤東一聽卻回答說：「那就更『躍進』一些吧！」當時英國的鋼鐵產量年約兩千萬噸，毛澤東預估英國十五年後將增加至每年三千萬噸，於是他指示中國的鋼鐵產量要在十五年後增加到四千萬噸。

然而在無視現實的情況下，第一個五年計劃（一九五三至一九五七年）、第二個五年計劃（一九五八至一九六二年）以失敗收場。因為想仿效蘇聯在短期內從落後的農業國變身為先進的工業國，毛澤東後來提出了「七年超英，十五年趕美」的口號，但是農工業部門全面失敗，最後以大家熟知的恐怖政治——文化大革命接續登場。

中國的經濟直到第五個五年計劃（一九七六至一九八〇年）才開始有所轉變。毛澤東去世與文化大革命結束後，一九七八年第十一屆三中全會召開，會中鄧小平提倡以實用主義為本的改革開放政策，並決定與美國建立邦交關係。鄧小平的政策以「黑貓白貓論」為代表，意思是「不管黑貓還是白貓，捉到老鼠就是好貓」。

　　這個階段推出的政策，包括：①指定具有實驗性質的經濟特區、②開放十四個沿海港口城市、③指定沿海經濟開放區等開放政策。中國在經濟特區實施針對外資的優惠政策，並在經濟運作上導入市場經濟的要素。當實驗性的經濟特區收到超乎預期的成效後，中國再增加開放天津、上海等沿海地區的據點城市，此後又指定開放數個地區為經濟開放區。不過鄧小平所推動的經濟並非資本主義的市場經濟，而是混合了既有的計劃經濟與市場經濟，可稱之為有中國特色的社會主義經濟體制。

　　鄧小平所完成的另一項事蹟是和平轉移香港主權。在一八四二年鴉片戰爭的紛擾中，清朝簽訂不平等條約而被迫割讓香港，香港因而由英國統治到一九九七年。經過自一八四二年起一百五十年的時間，香港歸還中國的時刻即將到來，英國也面臨必須將先前投入香港的資本撤回的狀況。當時鄧小平所提出的解方是「一個國家，兩種制度」，也就是眾所皆知的「一國兩制」。這裡釋出了「中國務必收回，不過香港仍可維持現有的資本主義」的訊息，之後直至今日，香港都未發生資本流出的情況。

　　一國兩制不僅針對香港，同時也是瞄準台灣的安撫策略。而此時鄧小平推出的理論，是三階段發展論的「三步走」戰略。三步走是指「用三步走向經濟大國目標」，鄧小平甚至留下遺志說，這個戰略目標是放眼自己死後的未來百年，以後在規劃政策時絕不能動搖。

　　三步走的第一步是溫飽。要「解決基本的食衣住問題」，從一九七九年到一九九九年GNP（國民生產毛額）達到八百至九百美元，GDP達到一兆美元；第二步是小康，「建設一個人民生活水準小康以上的中等已開發國家」，在二○二一年達到人均四千美元，GDP達到五兆美元。最後一步是大

從毛澤東到習近平的中國歷代政權經濟政策

類別	政策重點	開發計劃	備註
第一代 毛澤東 (1949~1976 年)	動員群眾，自力更生，冒險主義式的發展		建國，冷戰
第二代 鄧小平 (1978~1992 年)	朝生產力發展邁進，不均衡成長，積極對外開放	深圳、珠海、廈門、海南經濟特區	改革，開放，冷戰
第三代 江澤民 (1992~2002 年)	支持民營企業發展，認可私有財產，持續推動成長率	西部大開發，浦東新區	全球化
第四代 胡錦濤 (2003~2012 年)	減少貧富差距，均衡發展，吸收民營資本家，永續發展	天津濱海新區、振興東北三省、中部地區崛起	量的成長
第五代 習近平 (2013年迄今)	深化全面改革，依法治國，提振內需，均衡發展，新常態	一帶一路、京津冀、長江經濟帶	質的成長　→　2021年完成小康社會，以實現中國夢

同，「到二○四九年，建設全民均富的大同社會人民樂園」。而在這裡還隱藏著「兩個一百年」。第一個一百年是到二○二一年中國共產黨建黨一百周年時建成小康社會；第二個一百年是到二○四九年中華人民共和國建國一百周年時建成第三步的大同社會。

中國經濟發展政策在改革開放下開始有所轉變，先是江澤民提倡的三個代表理論，接著是胡錦濤定調為國家政策基礎的「科學發展觀」與「和諧社會建設」。雖然到此尚未有巨大的變化，但隨著習近平的上台，「兩個一百年」與更強烈的政治圖像產生連結，這就是所謂的「中國夢」。

習近平所面臨的二○一二年中國

目前統治中國的最高掌權者是習近平，他的第一期執政是從二○一三年三月到二○二二年二月。習近平二○一二年當選國家主席時，中國經濟的主要進口項目第一名為原油與天然氣（一二‧一％），第二名為半導體（一○‧六％），第四名為LCD面板（三‧一％）（從二○一三年起，主要進口品項第一名為半導體）。由於中國初期的經濟政策是先建立經濟特區，然後進口尖端零組件，利用廉價的勞動力加工並出口，是屬於典型的勞動密集產業結構，所以原材料與零組件的進口比重必然偏高。也因此當時中國的工業區大都設立在沿海地區，導致階級差距與區域發展差距問題日益擴大。

因此習近平要面臨的課題是：①確保中國經濟的持續成長；②解決區域發展不平衡的問題；③解決能源問題。為此中國必須盡快扶植尖端零組件產業，以確保中國經濟持續成長；同時需建立高端產業園區，以消除區域之間

中國的第十三個五年計劃（2016至2020年）主要目標

目標	經濟保持中高速增長 （到2020年GDP和國民所得比2010年翻倍成長）， 提高國民生活水準，提高國民素質與文化水準，國家 統治與統治能力現代化
五大發展理念	創新、協調、開放、共享、綠色
科技創新	推動尖端領域創新，優化創新組織體系，提升創新基礎能力
大眾創業，萬眾創新（創新）	創業創新，建設公共服務平台，眾創眾包眾扶眾籌
建構激勵創新的體制機制	深化科技管理體制，完善科技成果轉化和收益分配機制，建構創新支持政策體系
人才優先發展戰略	建設規模宏大的人才隊伍，促進人才優化配置，營造良好的人才發展環境
拓展發展動力新空間	促進消費升級，擴大有效投資，培育出口新優勢

資料來源：SK證券

中國人均GDP成長趨勢

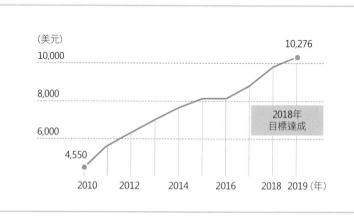

資料來源：MBC

的發展失衡問題。此外，為解決非常時期的能源輸送問題，必須透過軍事力量的強化以確保南海的占領權；以及必須推動像一帶一路能擴大全球影響力的宏觀對內外政策。

　　在探討中國選定的區域開發方式之前，我們應該先了解京津冀協同發展計劃。這是將北京（知識型）、天津（加工型）、河北省（資源型）視為一體的巨型城市（Mega city）發展規劃，希望把北京與天津的成長動力擴散到臨近區域，帶動落後的河北省，這也是區域均衡發展的策略之一。

引導都市間協同發展的都市規劃

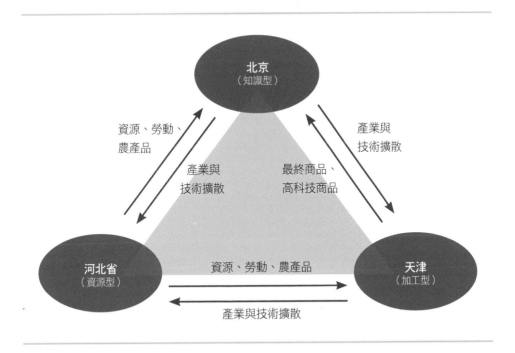

資料：SK證券

習近平的三大戰略：一帶一路、京津冀協同發展、長江經濟帶

京津冀＝北京＋天津＋河北省

資料來源：SK證券

以京津冀為首的巨型都市圈還有香港、澳門、深圳一體的「粵港澳大灣區發展計劃」，以及上海、江蘇省、安徽省一體的「長江三角洲一體化計劃」，這也是中國正在推動的三大國家級區域經濟整合工作計劃。在此值得注目的是雄安新區的扶植計劃。雄安新區是繼引進改革開放的鄧小平任內的深圳特區，以及使上海蛻變為金融中心的江澤民任內的浦東新區後，最能象徵習近平時代的一大工程，其主要功能是要扮演讓京津冀地區調和發展的樞紐角色。而金融產業發展所獲取的資本，正可以活用做為尖端產業發展的財源。

最後一個是長江經濟帶。這是追求均衡發展的一環，可說是中部崛起的延長線，也是習近平執掌政權後，想透過東部沿岸的上海與西部內陸四川省的整合開發，以解除地域間失衡為目的而傾全力推動的計劃。這個計劃要消

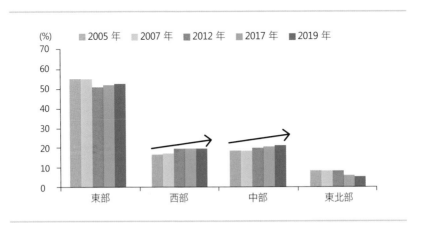

中國各地區GDP占比

資料來源：SK證券

促進中部地區崛起十三五規劃（2016年～2020年）主要目標

分類	發展目標	指標項目	2020年目標值
經濟發展	經濟保持中高速增長、高質量成長優先	常住人口城鎮化率	58%
		戶籍人口城鎮化率	43%
產業體系	產業結構高度化、創新力量強化	服務業增加值比重	47%
		科技進步貢獻率	60%
現代農業發展	農產品供應的質量提升、生產效率提升、農村產業融合發展	糧食生產全國比重	30%
生態環境改善	自然環境保護、污染物排放減少	濕地面積	520萬畝
		森林覆蓋率	38%以上
		耕地保有量	3.77兆畝
		GDP每萬元能源消耗降低	15%以上
		GDP每萬元二氧化碳排放降低	18%以上
居民生活改善	城鄉居民所得提升、社會保障及公共服務水準提升、貧困問題解決	—	—

資料來源：《促進中部地區崛起十三五規劃》，KIEP，SK證券

弭過去北京、上海、廣東等主要區域中心形成的發展差異，並以強化水陸運輸功能、建構綜合交通網絡、站內通關一體化、對外開放窗口功能等為規劃目標。

　　在此要關注的重點在於本計劃的目的是為了扶植產業，也就是打造中部地區製造業的基礎。以過去五年為單位的地區經濟比重來看，製造業（汽車和尖端產業等）為主的中部地區比重逐漸增加，以資源開發為重心的東北地區比重則持續減少。

習近平的中國夢和兩個一百年

　　一九七八年鄧小平宣布改革開放後，至今四十年過去了。到了二〇一八年，中國達到年平均九・五％左右的高速成長，GDP位居全球第二，貿易規模則是全球第一，已經躍升為經濟大國。二〇一三年習近平就任為國家主席時，提倡標榜中華民族文化復興的中國夢。他設定了兩個具體目標，一個是要在二〇二一年中國共產黨成立一百周年時，將中國建設為全面的小康社會；另一個是在二〇四九年中華人民共和國成立一百周年前，將中國建設成社會主義現代化國家。這個目標也形同習近平闡明自己將貫徹鄧小平所提出的三階段發展論──「三步走戰略」的意志。

　　前面提到過，鄧小平三步走戰略的第二步是小康，目標是在二〇二一年建設一個人民生活水準達到小康以上的中等已開發國家；第三步是大同，在到二〇四九年前實現全民均富的大同社會。中國政府的藍圖是一項龐大的計劃，目的是想喚回中國人遺忘已久的夢想。

　　二〇一九年新中國建國七十周年紀念日（十月一日）前夕，習近平在視察北京郊外的香山革命紀念地時強調中國的復興。他一邊緬懷毛澤東等革命家的功績，一邊這麼說：

「全黨全國各族人民要緊密團結起來，不忘初心、牢記使命。」

在此又出現「兩個一百年」。習近平再次強調，沿著中國特色社會主義道路把新中國鞏固好、發展好，為實現「兩個一百年」奮鬥目標，實現中華民族偉大復興中國夢而不懈奮鬥！

習近平高喊的中國夢與鄧小平提出的三步走戰略看似相近，但卻有一點重要的差異——那就是中國夢更強調軍事的崛起。

習近平的中國夢，可以分為二〇二一年建設小康社會、二〇三五年實現社會主義現代化、二〇五〇年成為社會主義現代化強國等階段性實踐戰略。但是為了達成最終階段的社會主義現代化強國目標，習近平表明「力爭到二〇三五年基本實現國防和軍隊現代化，到本世紀中葉把人民軍隊全面建成世界一流軍隊」，並展現了「中國崛起的基礎在於軍事崛起，藉由軍事崛起，中國將成為引領世界的中心國家」。因此中國夢也被解讀為帶有透過軍事的全面性結構改革，強化海空軍及戰略武器，以占有世界霸權地位的意圖。

中國製造二〇二五所透露的中國未來戰略

二〇一五年中國的國營企業清華紫光集團打算收購美國的記憶半導體廠美光科技，引起全球的關注。清華紫光集團是清華控股的子公司，一九八八年由中國名校清華大學創立。清華大學因為培育出習近平以及多名中國領導階層而知名（編按：二〇二一年七月九日紫光集團因債務違約而宣告破產重組）。

清華紫光集團二〇一三年收購了中國的半導體設計企業展訊通信（Spreadtrum）與銳迪科微電子（RDA Microelectronics），二〇一五年又與國家集成電路產業投資基金和國家開發銀行簽訂人民幣三百億元規模的戰略資金支持協議。

清華紫光集團在提案收購美光科技之前，也曾得到來自英特爾的十五億美元的投資，清華紫光集團則提供英特爾二〇％的持股，同時又收購惠普（Hewlett-Packard）的子公司華三通信（H3C Technologies Co.）五一％的股權。確實在中國政府的積極支持下，中國半導體開始崛起。

二〇一五年五月，中國國務院發表產業高度化戰略——也就是有名的「中國製造二〇二五」（Made in China 2025），這項戰略是中國第十三個五年規劃（二〇一六至二〇二〇年）及第十四個五年規劃（二〇二一至二〇二五年）的基礎，也是中國推動產業發展的核心戰略。儘管在二〇一九年十月

清華紫光集團2015年半導體投資日誌

7月

· 擬投入230億美元收購美國的記憶半導體廠美光科技，失敗收場。

10月

· 收購美國硬碟威騰約15％股權（投資37億8,000萬美元）。
· 威騰硬碟大廠間接收購全球第四大快閃記憶體製造商晟碟（投資190億美元）。

11月

· 保有台灣半導體廠力成（Powertech）持股25％（投入6億美元）。
· 子公司同方國芯電子14億美元規模有償增資，備置新廠收購資金。

美中貿易協商過程中宣告停止，但這項戰略仍是中國產業政策的主軸，同時也留下必須優先投資的核心課題。

「中國製造二〇二五」的第一步，是要在二〇一五至二〇二五年躋身為

中國製造 2025 十大產業發展計劃

1	節能與新能源汽車	電動汽車、燃料電池汽車發展、提升動力電池
2	海洋工程裝備及高技術船舶	深海探測、深海太空站、郵輪建造技術開發
3	電力裝備	新再生能源電力裝備開發
4	高檔數位控制機台和產業機器人	精密、高速、高效數位控制機台開發；產業用醫療健康、教育、娛樂等服務機器人開發
5	生物醫學及高性能醫療器械	遠距診療系統等裝備開發
6	農機裝備	大型拖拉機及收割機開發
7	資訊技術產業（新一代信息技術）	半導體核心晶片國產化、尖端記憶體開發、5G 技術開發、物聯網、大數據處理應用開發
8	航空航太裝備	無人機、先進渦槳發動機、新一代火箭、重型運載器等的開發
9	先進軌道交通裝備	高速重載軌道交通裝備系統研發
10	新材料	奈米石墨烯、超導材料等先進複合材料開發

資料：中國國務院，SK 證券

圖為「中國製造 2025」設計者清華大學教授劉百成。他指出：「中國未來為了追求質的成長，將推動確保核心技術、創新製造流程等等。」

像美國、德國、日本、英國、法國、韓國等全球製造業強國之列；第二步要在二〇二六至二〇三五年，使製造業整體達到世界製造業強國陣營中等水準，並在創新取得的競爭優勢產業中保有引導全球市場的競爭力；最後第三步是要在二〇三六至二〇四五年具備先進國的競爭力，躍身為可引導全球市場的地位。

中國的戰略與德國的工業4.0（Industry 4.0）、日本的再興戰略、美國的國家創新戰略有異曲同工之妙。「中國製造二〇二五」的十大產業發展計劃網羅了①新能源汽車、②高技術船舶裝備、③新再生能源電力裝備、④產業機器人、⑤高性能醫療器械、⑥農機裝備、⑦半導體晶片（資訊技術產業，即新一代信息技術產業）、⑧航空航太裝備、⑨先進軌道交通裝備、⑩新材料等主要部門。

其中特別值得關注的是中國內陸地區的開發。湖北省（武漢）正在實施戰略性新興產業扶植計劃，重點即是半導體。根據中國政府的第十三個五年規劃（二〇一六至二〇二〇年），預計推動包括聚焦新一代信息技術在內的新興產業發展政策，有不少經營該類產業項目的企業就分布在湖北省的鄰近地區。二〇二〇年的新冠疫情及水災對這些地區帶來莫大的衝擊，中國政府為了依照計劃發展先進零組件，只能提供這些地區強力的支持。

過去這些先進零組件進口後，中國就靠著低廉的勞動力組裝，在以沿海為主的地區發展經濟，引發地區及階級間失衡的副作用。中國為了修正這些失衡的現象，以及成為經濟及軍事上的先進國家，就必須推動在內陸自製自給先進零組件，然後出口優良產品以獲取全球財富的政策。未來中國想達成國家目標時的資金走向已經相當明確了。

實現新興產業發展計劃的湖北省百大製造企業

分類	內容
新一代信息技術產業	・以武漢、南昌為中心的光電產業群聚 ・以合肥、蕪湖、武漢為中心的平板顯示器產業鏈 ・在武漢、合肥建立記憶體產業基地 ・在鄭州建立智慧接頭產業基地
新能源汽車產業	・完備電動汽車零部件產業群聚體系 ・在鄭州、合肥、蕪湖、武漢、南昌、長沙建立新能源汽車生產基地
先進鐵道交通裝備產業	・在湖南株洲、湘潭、鄭州、洛陽、太原、大同、合肥、馬鞍山建立環保鐵道交通設備產業及相關生產、研究、開發中心
航空航太裝備	・在南昌、景德鎮建立國家航空產業基地 ・在武漢建立國家航太產業基地 ・在鄭州、長沙、信陽建立北斗衛星產業基地
新材料產業	・在長株潭、武漢、贛州、鷹潭、洛陽、安慶等地建立新材料基地
生物醫藥產業	・在武漢、長沙、鄭州、南昌、信陽、長治等地建立生物醫藥基地
現代種子產業	・在長沙、鄭州、新鄉等地建立現代種子產業基地

資料來源：湖北省企業聯合會，KIEP 北京事務所，《促進中部地區崛起十三五規劃》，
　　　　　SK 證券

中國的新型基礎建設投資戰略——新基建

　　中國為了克服新冠肺炎及史上少見的嚴重洪災，以達成「兩個一百年」目標，應該要從何著手呢？答案就在「新型基礎建設投資」。「新基建」的概念是在二〇一八年底的中國中央經濟工作會議上首度提出，二〇一九年納

中國「新基建投資計劃」2020年投資規模預測值

計劃	規模（億元）	說明
5G基地台	2,400～3,000	中國三大電信營運商計劃在2020年一～三季度完成55萬個以上基地台
特高壓輸變電	800～1,000	年內建設12條特高壓線路計劃發表
城際高速鐵路和城際軌道交通	5,400～6,400	新施工高鐵及城際軌道30條建設
新能源汽車及充電站	200～300	新增公共充電場站8,000座、公共充電樁15萬台
大數據中心、人工智慧、雲端	1,200	大數據中心、人工智慧、雲端等部門的產業設備投資預計增加10%
合計	人民幣1兆2,000億元	

資料來源：SK證券

2020年中共中央政治局會議有關新基建投資的發言

日期	內容
1月3日	強調推進智慧、綠色製造的資訊網路等新型基礎設施投資
2月14日	提到透過傳統和新型基礎設施發展，打造集約高效、智慧綠色的基礎設施體系
2月21日	強調生物醫藥、醫療設備、5G網路、工業互聯網等發展的必要性
2月23日	強調培育AI製造、無人配送、在線消費、醫療健康等新興產業的重要性
3月4日	要求加快新冠肺炎相關應急物資與5G網路建設、資料中心等新型基礎設施建設進度

資料來源：SK證券

入政府工作報告而開始廣為人知。

自二〇二〇年至今，新型基礎建設投資戰略在中央政治局會議中已數度被提及，而且很自然就連結到「中國製造二〇二五」等產業發展政策及小康社會建設政策。

受疫情影響，景氣面臨下行壓力，預期新型基礎建設的投資戰略將會更有彈性。三十三個省級行政區當中，已經公布二〇二〇年固定資本投資金額的七個地區投資金額達到人民幣二十四兆四千億元，僅在這七個地區預計二〇二一年就執行人民幣三兆五千億元。下半年度因為水災災情嚴重，包括未公開地區在內的金額預估將是已公開金額的數倍。

公布 2020 年基礎建設計劃與金額的七個地區

地區	重點投資項目數 （件）	總投資金額 （人民幣：億元）	年度執行金額 （人民幣：億元）
雲南省	525	5萬	4,400
河南省	980	3萬3,000	8,372
福建省	1,567	3萬8,400	5,005
四川省	700	4萬4,000	6,000
重慶市	1,136	2萬6,000	3,476
陝西省	600	3萬3,800	5,014
河北省	536	1萬8,800	2,402
合計		24兆4,000億元	3兆5,000億元

資料來源：SK證券

　　以往提到基礎建設，通常是指鐵路與公路等基礎建設投資。為了挽救陷入危機的高速鐵路產業，中國勢必要進行大規模投資，畢竟鐵路是一帶一路的核心產業，不可能坐視不管。中國在發表《新時代交通強國鐵路先行規劃綱要》時，也宣布將在二〇三五年完成建設鐵路網二十萬公里及高鐵七萬公里。中國的鐵道產業不僅是一帶一路的核心產業，同時也是為了使遼闊國土達到均衡發展而不可放棄的重要產業。沒有像鐵道產業如此龐大的計劃可以提高國內經濟成長率了。

　　儘管如此，光靠鐵道產業並不足以完成中國夢，中國還夢想能結合5G通訊技術、人工智慧、物聯網及機器人流程自動化（RPA，Robotic Process Automation），在未來的人工智慧產業與尖端產品群取得領先地位。因此在中國的新基建計劃中，5G網路和大數據中心投資、智能製造、無人配送、教育、在線消費、醫療健康等結合後所創造出來的新經濟，更是迫切需要投資。

新基建的下一個階段：新商業

　　所有的基礎建設投資都有明確的目的，中國也一樣。新基建的下一個階段即是「新商業」，中國投入天文數字費用傾全力發展5G、AI、IoT等新型基礎建設的理由，當然是為了追求製造業技術革新與設備升級，此外就是畫出想在第四次工業革命中占有優勢的遠大藍圖。

　　中國通信產業的5G投資目標是美國完全望塵莫及的。中國在二〇一九年底設置十三萬個以上的基地台，並表明二〇二〇年要增加設置到五十五萬

個以上。此外還設定二〇二五年超過六億人、二〇二二年超過四億人申請加入5G的目標。中國能夠生產供應低價的5G智慧型手機，而且計劃推出任何人都不會感到有負擔的低資費方案，所以看起來目標達成的可能性相當高。

　　這麼說來，二〇二〇年為什麼對中國和習近平是重要的一年呢？這個問題需要從政治層面去尋求解答途徑。二〇二〇年和二〇二一年建成全面小康社會，接著就是下一個階段中國夢實現的關鍵時機。也就是說，二〇二一年達成第一個一百年目標後，接著就是必須朝向二〇四九年第二個一百年的時間點。尤其對習近平來說，二〇二二年是自毛澤東以來首次要開啟長期執政時代的重要「兩會」（全國人民代表會議、中國人民政治協商會議）即將召開的一年。因此過去十年的第一任期結束，新的十年第二任期必須啟動。

中國5G基地台建設規模展望

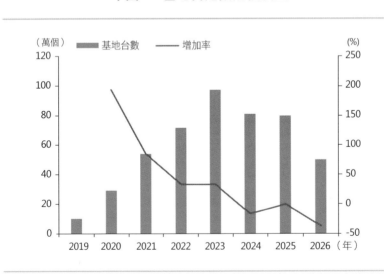

資料來源：SK證券

　　二〇一七年十月的中央委員會第一次全體會議（中全會）通過將「習近平新時代中國特色社會主義思想」寫入黨章，為長期執政奠下基礎。而二〇二二年二月舉行的冬季奧運正是可以藉由5G與8K、AI結合的活動，向全世界誇示中國的偉大與習近平成就的重要盛會。

　　可以預見，中國將透過二〇二二年的北京冬季奧運提示下階段「新商業＝雲端經濟」的藍圖。中國想展現出做為第四次工業革命領先國的風範，一切都能線上平台化，而且不只電子商務交易與家庭娛樂，還有更高階的智慧化行政服務與智慧製造的競爭力。因為疫情關係，非接觸經濟（Untact Economy）時代比預期的還早來臨。面對這樣的改變，中國也希望能比美國更快吸收消化。

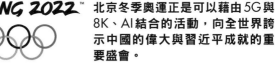

北京冬季奧運正是可以藉由5G與8K、AI結合的活動，向全世界誇示中國的偉大與習近平成就的重要盛會。

一窺習近平長期執政意志的 2017 年中共十九屆一中全會

年度	黨大會	修正內容
1945年	七大	毛澤東思想指導的地位確立
1956年	八大	全國人民代表大會每屆任期定為五年
1977年	十一大	把中國建設成為社會主義的現代化強國
1982年	十二大	入黨宣誓規定
1987年	十三大	黨內競爭選舉規定 第一次修憲：認可「私營經濟是社會主義公有制經濟的補充」
1992年	十四大	第二次修憲：「建設有中國特色社會主義的理論」入憲，堅持改革開放
1997年	十五大	第三次修憲：鄧小平理論指導地位確立
2002年	十六大	第四次修憲：江澤民的「三個代表論」指導思想確立
2007年	十七大	胡錦濤提出科學發展觀
2012年	十八大	將生態文明建設定為科學發展觀的行動方針
2017年	十九大	第五次修憲：將「習近平新時代中國特色社會主義思想」寫入黨章 刪除「國家主席連續任職不得超過兩屆」條款

資料來源：SK 證券

第 4 章

美國，投入全面作戰

美國的強力突襲：華為中箭落馬

● 遭遇史上空前制裁的華為

二〇二〇年第二季，中國的手機與半導體產業可說是喜事連連。華為擊敗三星電子和蘋果，在全球手機市場躍升為第一，華為的子公司海思半導體也成為中國首度名列全球十大半導體廠的企業。尤其主要使用在手機的應用處理器（AP），更是一舉衝上全球市場第三名。

當然，這是由於二〇二〇年第二季中國以外的全球手機市場因新冠肺炎的緣故銷售紀錄創新低，而中國市場相對穩健所造成的短暫現象。中國沉浸於喜悅的時間相當短，因為美國已經開始向華為及海思展開全面性的防衛攻擊。

在川普政府執政初期，很多人認為對於中國通訊產業與半導體崛起的代表性企業華為與其子公司海思的制裁，效果並不大。因為就算美國的美光不供應以DRAM、NAND為主的記憶體半導體，韓國的三星電子和SK海力士一樣可以供應，所以不成問題。但是當非屬美國企業的英國主要半導體設計廠安謀（ARM）一同加入制裁華為的行列後，中國就真正開始面臨嚴峻的危機了。

全球手機二分為Google Android系統和蘋果的iOS系統。華為想要在中國內需以外的全球手機市場生存，就必須取得美國Google的應用程式和Play Store的使用授權，以及美國博通（Broadcom）、科沃（Qorvo）、高通等廠商生產的半導體晶片和專利IP使用權。不過在美國的制裁下，華為無法取得含有美國技術在內的半導體晶片和授權。

對中國來說，繼之而來的痛擊是無法延長與ARM的授權合約。ARM提供目前手機市場使用的AP基本單晶片（SoC，System On Chip）設計架構及技術授權，在AP業界成為全球標準化的公司。如果無法獲得ARM的設計授權，海思將無法生產由他們所設計的AP晶片麒麟（Kirin）處理器。

● 在手機市場逐漸銷聲匿跡的華為

在華為受到制裁後，蘋果、三星電子以及中國的OVX（OPPO、vivo、小米的合稱）在全球的手機市場都蒙受其利。從二〇二〇年第四季蘋果的iPhone12上市成果來看，華為的出貨數量幾乎大舉被蘋果接收。蘋果的市占率較前一年上升三％，這是拜中國市場的蘋果銷售成長率較前一年增加五七％所賜。另一方面，屬於中低價位的OVX市場占有率較前一年提高一％以上，也吸收了市場對華為手機的需求。三星電子雖未明顯在中國的反應中受惠，但是全球市場的銷售量預期將會提高。

華為是購買AP等關鍵零組件架構的電信雲（Telco Cloud）以及使5G、AI、IoT互聯的網路供應商（Network Vendor），因此對美國而言，算是成功削弱了華為與為其設計核心半導體零組件的子公司海思之間的紐帶。特別是在對華為能創造出穩定收益的通訊設備和手機事業痛擊的同時，也收到了阻斷中國5G基礎建設主導全球之路的成效。

華為制裁後的全球智慧型手機廠商市場占有率變化

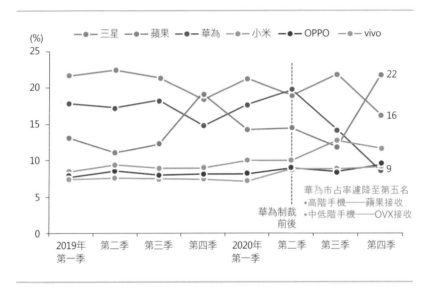

資料來源：SA，SK證券

海思勢不得已的退出

美國施壓要求世界最先進的晶圓代工廠——台灣的台積電揮別海思，台積電宣布二〇二〇年九月起對海思停止訂單。華為應用ARM架構已形同絕望，再加上無法借助台積電的先進製程生產，事實上就代表退出半導體產業的時刻到了。華為為建構各種人工智慧數據網路而開發的半導體，大部分是以ARM設計為基礎，因此中國企圖主導經濟成長率的構想也無可避免受到莫大的衝擊。

中國擅長的是系統半導體的IC設計領域，至於在接單生產的晶圓代工廠領域則缺乏競爭力。所以中國的系統半導體產業極可能因此失去全球競爭力，華為的全球手機銷售量及市占率也將急遽下滑。此外，由於海思無法生產AP，華為智慧型手機與網路解決方案所具有的關鍵零組件內建優勢也因此喪失。美國的高通雖然想趁海思缺席之際，供應自家的AP給華為智慧型手機使用，但是美國政府不僅是牽制華為，更展現出想讓華為退出市場的強烈意志，高通的期望也就無法如願。

中國利用海思的人力增設IC設計廠，並思索這些公司與台積電聯繫的方案。另外華為也必須投入晶圓代工廠的先進製程研發，自行尋求所有的解決方案。不過美國一直密切留意中國的行動，為了阻止中國進入人工智慧半導體市場以及先進製程的晶圓代工廠產業，預期美國將不惜禁止半導體設備出口。

中國在歷經華為事件後，領悟到先進製程晶圓代工廠的重要性，同時也開始擔憂使用美國半導體設備的三星電子和SK海力士記憶體半導體隨時都可能停止供貨。這時中國只能強力推動第二次半導體崛起，同時致力於晶圓代工廠與記憶體半導體國產化。晶圓代工廠的中芯國際（SMIC）、記憶體半導體的長鑫儲存（CXMT）與清華紫光集團子公司長江儲存（YMTC）都得到中國政府為了國產化而提供的全面支持。因此有必要檢視中國隨半導體國產化而興起的二次半導體崛起受惠企業，並分析其他國家半導體產業所可能受到來自中國的威脅程度。

以美國的勝利終結第一回合戰爭，風雨飄搖的中國半導體產業

海思因為華為失去市場根基，加上無法使用具有許多美國專利技術的台灣台積電最先進EUV製程，於是面臨在AP市場中逐漸淡出的命運。由於美國的制裁，即便是中低價位手機市場中的其他企業，也都無法選用海思的AP。

中國的5G智慧型手機普及程度仍領先美國，未來也將持續推動強有力的5G普及政策。不過受惠於中國5G智慧型手機普及政策的零組件廠商，卻因為華為與海思的淡出，而轉以台灣和美國企業為主。這是美國徹底的勝利。

AP廠商的全球市場占有率現況

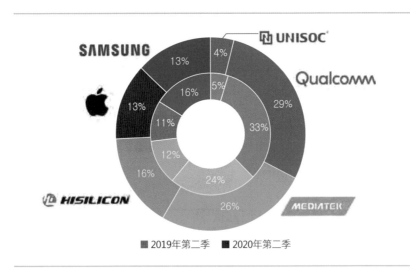

資料來源：Counterpoint Research，SK證券

廠商別的智慧型手機出貨量演進與展望

（單位：百萬隻）

應用處理器	手機	2019年	2020年	2021年		2021年年增率	2021年市占率
Qualcomm SAMSUNG	SAMSUNG	295	254	282	V	11%	23%
HISILICON MEDIATEK	HUAWEI	241	188	53		-72%	3%
Qualcomm MEDIATEK SAMSUNG	OPPO	115	114	145		27%	11%
	VIVO	107	112	140		26%	10%
	mi	125	146	185		27%	12%
	(Apple)	197	206	226		10%	16%

資料來源：SK證券

　　二〇二〇年第二季全球市占率一六％的海思所空出的位置，並非由生產最低價AP的清華紫光集團的紫光展銳（UNISOC）所填補，而是由高通、蘋果、三星電子等非中華圈企業分別占有。美國沒有針對中國的OVX發動猛烈攻勢，原因在於這些企業對美國的技術霸權尚未造成威脅。一旦感受到他們的技術造成威脅，美國就會毫不遲疑地祭出新的制裁手段。

對韓國與台灣的依賴度更為加深

　　中國無法保住足夠的實力進出記憶體半導體產業中的手機與伺服器市場，在系統半導體產業則是不具足以委託生產的晶圓代工廠實力。加上中國雖然想要追求技術自主，但相對於全球的競爭對手而言，中國半導體設備廠的技術能力仍停留在全球市場中的最底層。因此中國的智慧型手機廠的水準只能下修到購買最低價關鍵零組件加以組裝銷售。中國的半導體零組件性能低落，採購韓國和台灣製零組件的數量也就難免會增加。

　　但是這裡有一件有趣的事，那就是美國的代表性品牌蘋果對韓國和台灣的零組件依賴度相當高。反過來說，也就是韓國和台灣的零組件廠商對蘋果的依賴度也很高。以蘋果的iPhone手機來看，零組件分別為：①DRAM是三星電子和SK海力士；②NAND是三星電子和SK海力士、日本鎧俠；③面板是三星和LG；④AP是自家設計，委託台灣的台積電生產；⑤5G數據機是美國的高通，委託台灣的台積電生產；⑥相機使用的CMOS感測器是日本索尼等，亞洲地區生產的零組件比例相當高，其中記憶體、AP及晶圓代工等零組件主要都是向韓國和台灣採購。進一步從蘋果iPhone零組件的供應廠商數來看，可以看出台灣以超乎想像的程度占有第一名的位置。

　　蘋果最早推出的5G手機是二〇二〇年十月上市的iPhone12。和前一代手機相比，材料費增加的主要部分在於：①AP和BB（base band，基頻晶片）；②RF（射頻晶片）；③面板系統。iPhone12的材料費比iPhone11增加七二‧五美元，其中關鍵的三項材料費增加了七六‧八美元。這也代表5G智慧型手機市場擴大的同時，中國的零組件廠商並未能在增加的主要領

iPhone12 Pro零組件供應廠商國家別比重

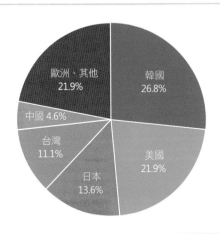

資料：Fomalhaut Techno Solutions

供應蘋果零組件國家別廠商數（2017年基準）

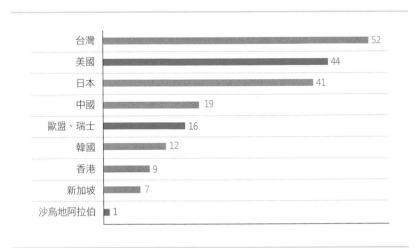

資料：蘋果供應商名單

域嘗到甜頭。由於華為與海思的衰退，預測中國智慧型手機廠的本國零組件使用率反而會大幅減少。

無法放棄半導體崛起的中國

AI——「人工智慧」的核心是什麼？人工智慧專家李開復在《AI新世界》（*AI Super Powers*）一書中說明，AI領域的改革核心不在於「革新」，而是在於「技術的落實和運用」。他主張人工智慧系統的重點領域要從發現及革新轉移到應用、從專家轉移到數據。

美國的數據創新中心（Center for Data Innovation）曾經提到，近來中國的人工智慧技術水準之所以緊追美國，原因就在於中國具有數據收集與應用領域的強項。中國政府強調國家對數據的控制權，所以嚴格限制海外企業利用本國人民的數據。反之，對於中國企業則是鼓勵其利用數據，並與其他產業結合創造附加價值，強化新產業的競爭力。

尤其在中國境內經營企業過程中所收集、產生的個人資料與重要數據，都必須儲存在中國境內，這是依據《中華人民共和國網絡安全法》第三十七條規定：「關鍵信息基礎設施的運營者在中華人民共和國境內運營中收集和產生的個人信息和重要數據應當在境內儲存。」中國在必要時，甚至可以經由本國的司法程序，獲取中國使用者的敏感個人資料，進而建構應用人工智慧的各種服務。正是因為這點，美國川普總統擬針對中國的影像分享應用程式抖音（TikTok）以及被稱為中國版KakaoTalk的微信（WeChat）實施制裁政策（編按：拜登上任後撤銷禁令）。抖音就曾經發生資訊外流以及侵

犯隱私疑慮的爭議案例。

　　中國除了強大的5G通訊網路外，還有必要時即可利用的十四億四千萬筆中國人數據，不可否認這對美國造成很大的威脅。大數據（Big Data）時代最重要的就是數據，美國很難跟得上中國，因此美國能夠對中國所採取的最強力制裁，已經不僅止於不得使用中資企業應用程式的強度，而是要更進一步阻斷其連結5G與人工智慧，以及全球性的大數據。要能夠做到這一點，利用的正是中國最大的弱點──半導體。

　　中國在二〇一八年針對「中國製造二〇二五」進行中期檢討時，做出以下的評價。中國有三大領域領先全球：①通訊、②鐵道、③太陽能。另一方面，中國落後最多的三項領域是：①積體電路（半導體）；②半導體設備；③民間航空。因此，美國想使中國無法在半導體領域上建立全球性的競爭力，同時想阻止其在通信領域上發揮綜效，為此要鎖定的廠商正是華為。華為在通訊設備部門名列世界第一，在全球智慧型手機市場是全球第二，半導體部門則是全球第十名（IC設計中排名第四），又是中國代表性的國營企業。預期美國打壓華為的政策將會持續相當長時間，直到華為無法東山再起。

　　儘管狀況如此，中國仍不打算停止推動半導體崛起。如果無法扶植本國半導體產業，那麼原本想藉由扶植中國內陸地區的尖端零組件產業以追求區域均衡經濟成長，以及想在世界尖端零組件產業占有一席之地的中國夢，就真的化為泡影了。這也意味著從鄧小平開始、延續到習近平的中國「兩個一百年」就不可能達成。

　　中國政府與華為對此所規劃的解決方案，是透過清華紫光集團的紫光展

半導體銷售前十大企業

（單位：100萬美元）

2020年第一季排行	2019年第一季排行	公司	總公司	2019年1Q合計IC	2019年1Q合計O-S-D	2019年1Q合計Semi	2020年1Q合計IC	2020年1Q合計O-S-D	2020年1Q合計Semi	2020年1Q/2019年1Q（%）
1	1	英特爾	美國	15,779	0	15,799	19,508	0	19,508	23
2	2	三星	韓國	11,992	875	12,867	13,939	858	14,797	15
3	3	台積電	台灣	7,096	0	7,096	10,319	0	10,319	45
4	4	SK海力士	韓國	5,903	120	6,023	5,829	210	6,039	0
5	5	美光	美國	5,465	0	5,465	4,795	0	4,795	-12
6	6	博通	美國	3,764	419	4,183	3,700	410	4,110	-2
7	7	高通	美國	3,753	0	3,753	4,050	0	4,050	8
8	8	德州儀器	美國	3,199	208	3,407	2,974	190	3,164	-7
9	11	輝達	美國	2,215	0	2,215	3,035	0	3,035	37
10	15	海思	中國	1,735	0	1,735	2,670	0	2,670	54
合計				60,921	1,622	62,543	70,819	1,668	72,487	16

*註：（1）晶圓代工廠；（2）IC設計廠
資料來源：公司財報，IC Insights策略調查

中國半導體廠紫光展銳（UNISOC）的第二代5G晶片組「Tiger T7520」。這是以台積電6奈米EUV製程生產的晶片組，與紫光展銳自行開發的5G數據機整合。

銳執行B計劃。其實紫光展銳向來以生產低價AP與數據機為主，但在華為的協助下，於二〇二〇年成功生產六奈米製程的5G AP與數據機，且應用在中國海信（Hisense）的智慧型手機，可以預見商機有擴大的趨勢。自二〇二〇年下半年度及二〇二一年起，中國OPPO及小米機的5G智慧型手機普及機種採用的可能性也極高。因此就美國的立場而言，針對擁有紫光展銳與長江儲存的清華紫光集團實施制裁的必要性大為提高。反過來說，中國也可能出面對陷入制裁危機和經營團隊輪替的清華紫光集團給予大力支持。

第 5 章

中國的第二次半導體崛起

無法放棄的中國

● 政府主導迎頭追趕美國

中國清楚認知到，在新常態（低成長、低通膨、低利）時代以二級產業為中心的「量」的成長模式會有所局限，胡錦濤在二〇一一年便開始將產業結構調整為以新興產業為主，發表「七大新興產業」的培育發展計劃，在習近平執政以後，這種動向愈演愈烈。

中國的強烈意志引導者「中國製造二〇二五」，目前中國的專利及研發支出已達世界最高水準。除了「質」的層面，從「量」的層面來看，中國的專利申請件數自二〇一二年開始超越美國，到了二〇一九年差距已經拉大為

國家別專利申請件數

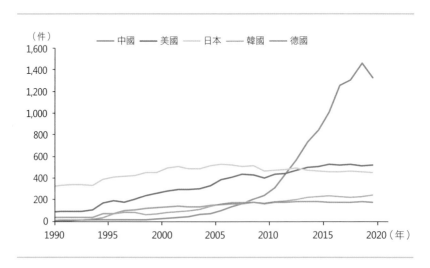

資料來源：世界智慧財產權組織，SK證券

美國的二・五倍。中國的研發支出在二〇〇九年也只有美國的四一％，九年後卻追趕到八四％的水準。只不過中國一如往常，表現出過度依賴中央政府研發費用而非個別企業的樣貌；還有除量子電腦以外，在半導體領域取得的專利也被評價為技術品質的層次相當低。

美國對中國的牽制直接而不遮掩。美國認為中國政府的企業扶植政策損害了美國企業的利益，包括：①用補貼影響市場；②不法的技術移轉與對智慧財產權的漠視；③利用政府資金激進併購海外企業等。因此，美國對此採取了以下措施：①對「十四類新興技術」的出口管制；②將技術洩露的企業列入黑名單；③禁止列入黑名單的企業對美投資及吸引美國資金；④禁止與

各國的研發支出

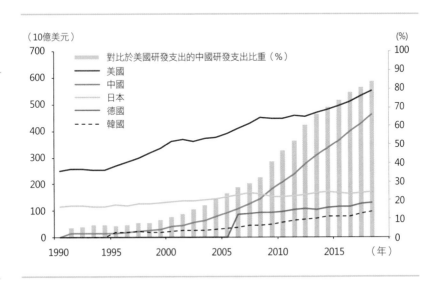

資料來源：OECD，SK證券

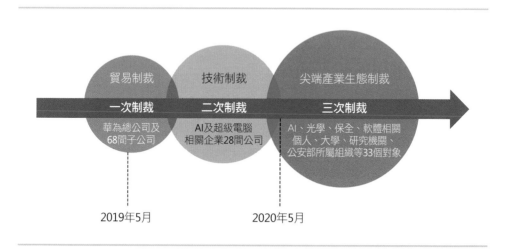

為維持技術霸權的美國三次制裁

貿易制裁	技術制裁	尖端產業生態制裁
一次制裁	**二次制裁**	**三次制裁**
華為總公司及68間子公司	AI及超級電腦相關企業28間公司	AI、光學、保全、軟體相關個人、大學、研究機關、公安部所屬組織等33個對象
2019年5月	2020年5月	

資料來源：情報通信政策研究院，SK證券

美國共同進行研究。此外川普政府時期還要求取消中國的尖端產業培育政策「中國製造二〇二五」計劃。中國雖然接受美國的部分要求，但是在二〇二一年的兩會中，「中國製造二〇二五」實際上形同復活。

中國對抗美國的全貌──雙循環

為了突破二〇二〇年的全球經濟危機，中國喊出了「雙循環」口號。所謂「雙循環」，是指以「國內大循環」為主體，「國內國際雙循環」相互促進的新發展格局，是一種將經濟主軸從外部轉為內部的策略。

以國內大循環為中心，並以國內國際雙循環相互促進為目標的「雙循環」

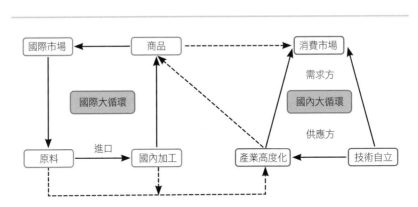

資料來源：SK證券

　　這個策略的意義在於為了克服美國的牽制而降低對外部市場的依賴程度，並重新調整為以內需為中心的經濟結構。雖然這是中國政府近十年間持續直接或間接推動的政策，但是直到第十四個五年規劃（二〇二一至二〇二五年），才決定從二〇二一年起正式列入實施。

　　最後為了因應美國對中國尖端產業發展的牽制，中國決定推動：①金融市場的對外開放與先進化；②透過新基建投資，擴大尖端產業的內需市場；③推動關鍵材料，零組件、設備等全球價值鏈（GVCs）的國產化，並將重心放在較不受美國干涉與制裁的內需——特別是未來產業、尖端產業的高附加價值製造業供應鏈建構。

資金不足的中國

● 個別企業面

近來以美國及其盟友特別關注氣候危機，也會要求提出碳中和相關的積極計劃。拜登政府將氣候變遷視為首要課題，在經濟振興方案中規劃永續基礎建設與潔淨能源研究支持政策，珍妮特·葉倫（Janet Yellen）財政部長的立場也支持積極抑制溫室氣體排放。國際上對於解決氣候危機問題已形成共識，預料未來美國也會在對中國更加強的環境國際關係中，優先處理氣候變遷議題。

美國是由實施各屆總統的行政命令和法規對應氣候變遷。拜登政府重新加入在川普政府時期退出的《巴黎氣候協定》（PCCA，Paris Climate Change Accord），同時建議主要國家設定氣候目標。英國和義大利等歐洲國家都積極展開與美國合作對應氣候變遷。

以製造業為主的國家所要面臨的課題是如何配合環境法規。中國同樣是以製造業為主，擁有多家碳排放量受法規限制的石油化學、鋼鐵等傳統產業相關企業。生產科技和家電製品也會產生碳排，如果依照二○二一年正式成為主流的「環境、社會、治理」（ESG，Environment, Social, Governance）概念要求，中國企業將很難達到標準。再加上中國企業若想符合趨嚴後的法規，勢必將要負擔更多的成本。

● 中國的經濟面

高度地方分權是中國經濟發展的特性，都市發展及以投資基礎建設為主

的GDP成長都是由地方政府主導。因為財政支出沒有節制，導致地方政府負債提高，政府對所有產業的支持也因此受限。尤其是中國的半導體產業，儘管得到政府的全力集中支持，但是相較於投入的資金，收益性仍屬偏低。財政困難的地方政府若要支持並投資第四次工業革命產業，顯然會有所局限。

中國的選擇與集中

中國不可能因為地方政府財政窘困而放棄百年的夢想。即便在推出第十三個五年計劃（二〇一六至二〇二〇）當時，中國仍然充滿自信，不過以華為和中興通訊為代表的中國5G通信設備及手機產業影響力正在下滑，海思在AP市場也形同退出。中國科技業想席捲全球的策略，已經距離夢想愈來愈遙遠。

中國地方政府的財政狀況深受不動產和金融業、傳統產業的景氣影響。但是像BAT（百度、阿里巴巴、騰訊）等引領中國未來的代表性企業並未止步於網路、遊戲、電商交易，反而將經營項目擴大至金融、電子支付、雲端等領域。

停留在傳統領域的企業，未來極可能無法在與BAT等平台企業競爭中勝出，這也意味著中國地方政府的財政條件可能會更惡化。而且中國地方政府的投資能力一旦萎縮，將可能導致政府對未來產業的主導能力與研發投資無以為繼的後果。

因此，中國加強對這些企業的控制權，同時鼓勵BAT等現金收入能力

中國的長期發展藍圖

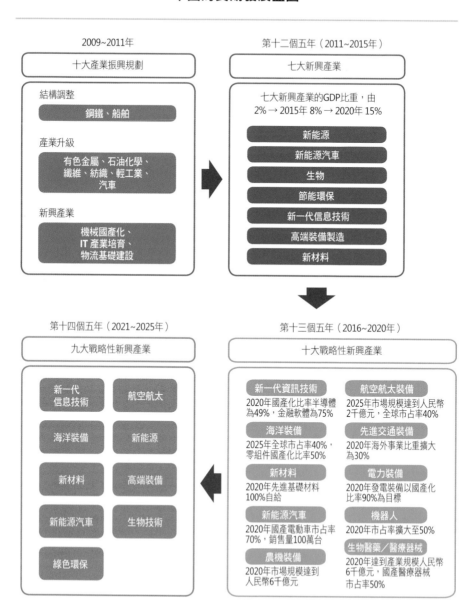

2009~2011年

十大產業振興規劃

結構調整
> 鋼鐵、船舶

產業升級
> 有色金屬、石油化學、纖維、紡織、輕工業、汽車

新興產業
> 機械國產化、IT產業培育、物流基礎建設

第十二個五年（2011~2015年）

七大新興產業

七大新興產業的GDP比重，由
2% → 2015年 8% → 2020年 15%

> 新能源
> 新能源汽車
> 生物
> 節能環保
> 新一代信息技術
> 高端裝備製造
> 新材料

第十四個五年（2021~2025年）

九大戰略性新興產業

新一代信息技術 ｜ 航空航太

海洋裝備 ｜ 新能源

新材料 ｜ 高端裝備

新能源汽車 ｜ 生物技術

綠色環保

第十三個五年（2016~2020年）

十大戰略性新興產業

新一代資訊技術
2020年國產化比率半導體為49%，金融軟體為75%

航空航太裝備
2025年市場規模達到人民幣2千億元，全球市占率40%

海洋裝備
2025年全球市占率40%，零組件國產化比率50%

先進交通裝備
2020年海外事業比重擴大為30%

新材料
2020年先進基礎材料100%自給

電力裝備
2020年發電裝備以國產化比率90%為目標

新能源汽車
2020年國產電動車市占率70%，銷售量100萬台

機器人
2020年市占率擴大至50%

農機裝備
2020年市場規模達到人民幣6千億元

生物醫藥／醫療器械
2020年達到產業規模人民幣6千億元，國產醫療器械市占率50%

資料來源：SK證券

良好的企業增加對半導體研發等主要領域的投資。實際上BAT正積極跨足到半導體領域，而來自中國政府的施壓程度也不斷加深。

最後中國政府在二〇二一年的兩會中釋出相當明確的信號，表示提升質的成長應勝於量的膨脹，日後必須確認的重點在於「哪個領域成長」，而非「成長了多少」。由於中國政府再度展現挑戰技術霸權的意志，預期未來也將會鼓勵相關產業盡速達成具體成果。

中國為半導體崛起所做的努力

中國政府除了募集半導體基金外，也採取放寬各項政策及法規等多樣化手段，以主導對半導體產業的扶植政策。中國政府不僅提供財政與租稅、投資與融資等金錢上的支持，從半導體研發到市場化流程也全方位支持。

中國的IC第一期基金主要集中投入製造與設計部門，第二期基金受到美國制裁的影響，轉向將重點放在第一期推動力道相對薄弱的材料、零組件與設備的國產化。第一期基金的投資規模為人民幣一千三百八十七億元，其中六七％集中在IC製造部門，特別是對清華紫光集團就投入了三一％的資金（大部分是長江儲存），此外有二三％是用來支持中芯國際。這也意味著整體基金約有二一％流入清華紫光集團，約有一五％流入中芯國際，基金總額當中的三〇％以上集中用來支持上游的製造廠。相對地，第二期基金規模為人民幣兩千零四十一億元，主要用於支持第一期投資不足的材料及設備等部門的國產化。

中國的半導體產業相關政策

發表時期	政策名稱	主要內容
2014年6月	國家IC產業發展推進綱要	著力發展占IC產業40％比重的IC設計業，加速發展IC製造業，提升先進封裝測試業發展水平，突破IC關鍵裝備和材料
2015年5月	中國製造2025	強化核心基礎零部件（元器件）、先進基礎工藝、關鍵基礎材料等發展，指定IC及專用裝備為重點發展項目，著力提升IC設計水平，研究電子整機產業發展的核心通用晶片，提升國產晶片的應用適配能力
2016年3月	國民經濟和社會發展十三五規劃綱要	透過研發推進半導體的先進化與工業化，推廣可增強節能的半導體照明等適用技術
2016年7月	國家信息化發展戰略綱要	建構先進技術體系，加強前沿和基礎研究，打造協同發展的產業生態，培育壯大龍頭企業，支持中小微企業創新，加強信息資源規劃，打造協同發展的產業生態，提高信息資源利用水平
2016年12月	十三五國家戰略性新興產業發展規劃	技術核心產業強化與核心基礎軟體服務提升，推動電子器件變革性升級換代，加強微波光電子領域的研發等
2017年1月	戰略性新興產業重點產品和服務指導目錄	將IC、矽片及化合物半導體材料等指定為新興產業重點產品
2018年3月	關於集成電路生產企業有關企業所得稅政策問題的通知	2018年1月1日後投資新設的IC線寬小於130奈米，且經營期在10年以上的集成電路生產企業或項目，第一年至第二年免徵企業所得稅，第三年至第五年按照25％的法定稅率減半（50％）徵收企業所得稅
2018年11月	戰略性新興產業分類2018	將半導體晶片製造納入為戰略性新興產業
2019年5月	關於集成電路設計和軟體產業企業所得稅政策的公告	依法成立且符合條件的集成電路設計企業和軟體企業，在2018年12月31日前自獲利年度起計算優惠期，第一年至第二年免徵企業所得稅，第三年至第五年按照25％的法定稅率減半（50％）徵收企業所得稅

發表時期	政策名稱	主要內容
2020年8月	新時期促進集成電路產業和軟件產業高質量發展若干政策	首度明確提及要獎勵中國境內的半導體材料與設備產業。包含以財稅、投融資等政策推動軟體產業發展和半導體材料企業的經營環境改善，以及推動半導體材料產業的快速發展

資料來源：KOTRA，SK證券

　　對中國而言，很遺憾的是IC第一期基金可說是成效不彰。中國在二○一四年十月以人民幣一千三百八十七億元成立第一期基金，做為重點支持相關領域使用；二○一五年五月在「中國製造二○二五」的大型計劃下，設定「二○二五年達成半導體自給率七○％」的具體目標。

中國的 IC 第一期基金主要投資領域

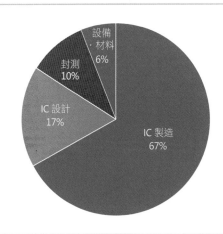

資料來源：SK證券

中國IC第一期基金在製造部門的主要投資企業

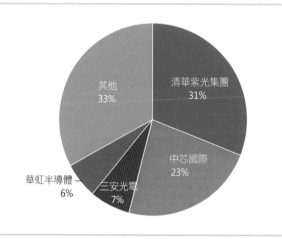

資料來源：恆大研究院，SK證券

　　不過根據研調機構IC Insights在二〇二〇年上半期公布的調查結果，二〇一九年中國的半導體自製率僅約一五・七％，甚至距離中國的中程目標——「在二〇二〇年達到四〇％」都還有一大段路。關於這項數據，也有評論指出若以總部設於中國的實質中國企業生產規模來看，中國製半導體僅占整體市場的一至二％。

中國的半導體自給率（2019年基準）

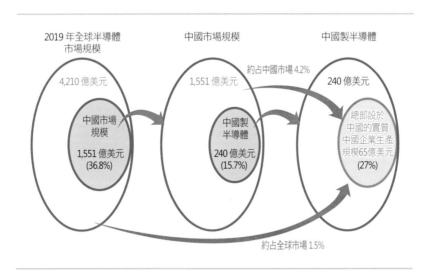

資料來源：恆大研究院，SK證券

中國半導體的成果與課題

中國為扶植半導體產業而做的努力並沒有完全白費。在記憶體半導體領域得到集中支持的長江儲存就憑藉自身的專利基礎，推出採用Xtacking技術的一二八層3D NAND快閃記憶體，而使用已發表的六十四層3D NAND的致鈦（Zhitai）SSD（固態硬碟）也在中國國內獲得不錯的評價。另外DRAM部門的長鑫儲存也宣布將推進十七奈米量產。

不過目前長江儲存和長鑫儲存的財務狀況不佳，專利數不足，量產能力與良率相較於全球競爭對手也明顯落後，因此預期中國將會採取的方案是透

使用兩片晶圓的長江儲存 Xtacking 技術

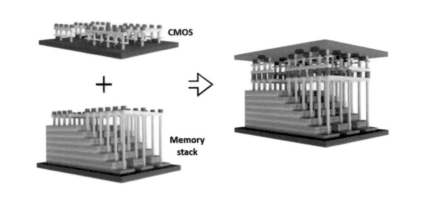

資料來源：長江儲存，SK證券

長鑫儲存的 DRAM 產品規劃藍圖

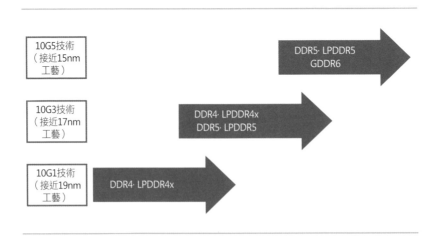

資料來源：SK證券

過增資方式投入資金，同時要求更換經營團隊，而不再是持續地盲目支持。

　　只不過儘管政府的意志堅定，中國的半導體產業看起來仍然難以達到全球競爭對手的水準。最大的原因在於中國的半導體設備產業在技術品質上明顯落後全球的半導體設備廠。美國力阻ASML的光刻機台輸往中國，也正好命中了中國半導體產業未來命脈的要害。不只是美國，中國如果無法藉由與歐盟國家的外交關係尋求圓滿的妥協方案，EUV機台預期將不可能進口。

　　美國的強力制裁超乎中國預期，中國的半導體崛起也因此大幅受限。從二〇一九年對華為制裁開始，中芯國際等中國的主要半導體廠即因為美國祭出半導體設備的相關制裁，而受到莫大衝擊。目前中國在半導體設計領域雖

因政府政策而大幅上升的中國半導體專利件數

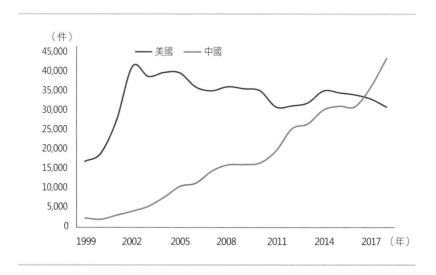

資料來源：上海矽知識產權交易中心，中國半導體行業協會，SK證券

持續上升的中國半導體自給率

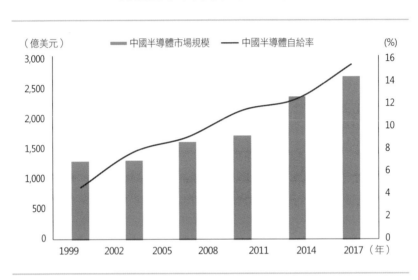

資料來源：恆大研究院，SK證券

然已經進步到相當水準，但是製造部門的技術卻仍是遠遠落後。尤其必須具備先進技術的前段製程設備，中國可以說是幾乎沒有生產。因此，雖然為了提高實質的半導體自給率而必須引進製造技術，但是這當中又以前段製程設備的在地化為先務之急。畢竟不能因為實力落後全球水準太多，就放棄自力更生的想法。

由美國的同盟國家所形成的EUV關鍵零組件供應鏈

1 英國 ——— **2 US** ——— **3 德國** ——— **4 德國** ———

真空系統　　　　EUV 光源　　　　雷射、電源　　　光學系統
　　　　　　　（EUV light source）

　　　　　　　其他零組件

4 德國 ——— **5 荷蘭** ——— **6 日本**

晶圓真空吸盤　　半導體用儲存槽　其他零組件
（Wafer chuck）

資料來源：SK證券

中國在各技術節點（Tech node）別的設備國產化現況

設備	光罩對準機	蝕刻設備			薄膜沉積		氧化物半導體熱處理設備	離子植入機	CMP	洗淨機
		矽蝕刻	金屬蝕刻	電漿蝕刻	PVD	CVD				
廠商	上海微電子	北方華創	北方華創	中緯半導體	北方華創	北方華創瀋陽拓荊	北方華創	中國電科	中國電科華海清科	北方華創上海盛美
130nm	V	V	V	V	V	V	V	V	V	V
90nm	V	V	V	V	V	V	V	V	V	V
65nm		V	V	V	V	V	V	V		V
45nm		V	V	V	V	V	V	V		V
28nm		V	V	V	V	V	V	V		V
14nm		V	V	V	V	V				
7nm				V						

資料來源：SK證券

中國的半導體設備廠技術現況

製程	設備類型	廠商	技術節點（nm）
黃光製程	點膠機設備	瀋陽芯源	90/65
	光罩對準機	上海微電子（SMEE）	90
蝕刻製程	介電質蝕刻設備	Advanced Micro（AMEC，中微半導體）	65/45/28/14/7
	矽蝕刻設備	北方華創 AMEC	65/45/28/14 65/45/28/14/7
薄膜製程	PVD	北方華創	65/45/28/14
	LPCVD	北方華創 上海馳艦半導體	65/28/14
	ALD	北方華創	28/14/7
	PECVD	瀋陽拓荊	65/28/14
離子植入製程	離子植入機	北京中科信	65/45/28
洗淨	洗淨機	北方華創	65/45/28
	CMP	華海清科 中國電子科技集團公司（CETC） 第四十五研究所 上海盛美	28/14
	鍍銅、清洗	上海盛美	28/14
量測	OCD、薄膜等	上海睿勵	65/28/14
高溫製程	退火設備等	北方華創	65/45/28
檢測	檢測機、分選機	長川科技 華峰測控	-
其他	CDS、Sorter、Scrubber	至純科技 上海新陽 京儀自動化裝備	-

資料來源：SK證券

不再撒錢，有所選擇與集中

二〇二〇年以後，中國政府再以強化現有政策的方式，接連發表對半導體產業的扶植政策。在華為受制裁已成事實後，二〇二〇年八月中國政府首度明確提及要鼓勵半導體材料與設備產業，同時強化財稅、投融資等扶植半導體企業的各種優惠措施。減稅優惠的企業對象較現有的範圍擴大，稅金減免的期間也延長，在減稅優惠企業對象的選定條件上，更是詳列了知識財產權與研發費用規模的標準。中國在二〇二〇年八月公布的《新時期促進集成

2020年以後中國政府的半導體扶植政策

發表時期	政策名稱	主要內容
2020年8月	新時期促進集成電路產業和軟件產業高質量發展若干政策	首度明確提及要獎勵中國境內的半導體材料與設備產業。包含以財稅、投融資等政策推動軟體產業發展和半導體材料企業的經營環境改善，以及推動半導體材料產業的快速發展。
2020年12月	關於促進集成電路產業和軟體產業高質量發展企業所得稅政策的公告	內容包含根據中國政府制定的標準對半導體及軟體企業實施的所得稅減免。半導體依據製程最小線寬程度、經營期間標準給予所得稅分級減免。最小線寬標準分為28奈米、65奈米、130奈米，經營期間標準為10年、15年，企業所得稅據此分別適用減半（50％）到免徵不等。
2021年3月	關於做好享受稅收優惠政策的集成電路企業或項目、軟體企業清單制定工作有關要求的通知	為做好之前發表的稅收優惠政策，而具體提示享受稅收優惠政策的企業條件和項目標準。這些標準包括最小線寬的製程能力、地理位置、是否保有知識產權、研究開發費用占銷售收入的比例等。對於研究開發的相關標準制定尤其詳細。

資料來源：中國政府，SK證券

電路產業和軟件產業高質量發展若干政策》完整列出這些內容，提到中國政府在財稅、投資與融資、研究開發、知識財產權等八個項目的政策措施，包括：①依產業製程技術能力與經營期給予企業所得稅減免優惠；②對符合條件的半導體和軟體業加速其上市審查流程；③支持資訊技術服務產業群聚、半導體產業群聚建設；④鼓勵技術研發，由國家支持核心技術研發以及支持透過知識產權質押融資等等。

中國在地方政府無力投資的情形下，只能善加利用中國的科技業龍頭代表BAT來扶植半導體產業，而且有必要好好活用股票市場的資金。

像BAT這一類的中國科技業龍頭大企業如果成立子公司，又可以再用不同的方式得到支持。在二〇二一年三月公布的《關於做好享受稅收優惠政策的集成電路企業或項目、軟體企業清單制定工作有關要求的通知》中，對稅收優惠政策的相關內容有更具體的規定。政府並非只針對特定企業支持，而是導入：①由符合稅收優惠政策的企業直接向政府部門申請稅收優惠的方式；②具體提示享受稅收優惠的企業標準；③稅收優惠適用標準的最小線寬製程能力、地理位置、是否保有知識產權、研發費用占銷售收入的比例等。④最關鍵的是還特別提出研究人力、研發費用支出的相關標準，以技術力的確保做為政策實施的核心。

中國的半導體崛起也帶來許多副作用。基於不明確的標準，給予資金雄厚的大企業大規模金錢支持，甚至還引發「從直升機撒錢」之譏。最具代表性的案例就是HSMC（武漢弘芯半導體製造）宣告破產。

半導體製造廠的稅收優惠適用標準

標準	詳細標準
收入總額的結構	IC製造銷售收入占企業收入總額的比率不低於60%
最小線寬製程能力	28奈米以下、65奈米以下、130奈米以下
研發人力結構	研究開發人員月平均數占企業月平均職工總數的比率不低於20%
研究開發費用	年度研究開發費用總額占企業銷售收入總額的比率不低於2%
知識產權	企業擁有關鍵核心技術和屬於本企業的知識產權，並以此為基礎開展經營

資料：中國政府，SK證券

半導體設計廠的稅收優惠適用標準

標準	詳細標準
收入總額的結構	IC設計銷售收入占企業收入總額的比率不低於70%
收入總額規模	匯算清繳年度，IC設計銷售收入不低於5億元
研發人力結構	研究開發人員月平均數占企業月平均職工總數的比率不低於50%
研究開發費用	年度研究開發費用總額占企業銷售收入總額的比率不低於6%
知識產權	企業擁有核心關鍵技術和屬於本企業的知識產權，企業擁有與IC產品設計相關的已授權發明專利、布圖設計登記、計算機軟體著作權合計不少於8個

資料來源：中國政府，SK證券

　　武漢弘芯是二〇一七年十一月成立，旨在導入中國最早七奈米以下先進製程，接單生產系統半導體，開啟中國晶圓代工產業新紀元。不僅挖角曾擔任台積電共同營運長的蔣尚義，還得到地方政府人民幣一千二百八十萬元的投資承諾（編按：實際到位一百五十七萬元）。不過武漢弘芯的創立者李雪艷與曹山都是與半導體產業毫無淵源的人物，據知目前已銷聲匿跡。

　　二〇二〇年武漢弘芯徹底失敗，創立者退出，雖然武漢市政府出面接手，武漢弘芯仍是在二〇二一年三月通知「無復工復產計劃」，並要求在職中的二百四十多名員工辭職。如今武漢弘芯的案例已被評論為是一場覬覦地方政府補助金的詐騙案。

　　為克服過去繳交鉅額學費的失敗經驗以及更有效率地扶植半導體產業，中國政府在二〇二一年二月公布的《關於促進集成電路產業和軟件產業高質量發展企業所得稅政策的公告》中，更具體列出對半導體廠商的減稅優惠適用標準及優待項目，內容包括：①明確提示對半導體業及軟體業的公司稅優惠政策；②公司稅的優惠適用標準必須包含最小線寬製程能力、經營期間等；③對符合條件的企業給予公司稅減免五〇％到免徵的支持；④稅金優惠適用期間為二年、三年、五年、十年不等，重點在於依條件而給予不同的優惠期間。

二〇二一年第一季破產而停工
的武漢弘芯晶圓代工廠。

半導體廠的稅收優惠條件與優惠項目

企業類型	優惠項目	適用條件	備註
IC生產企業（或生產項目）	10年免稅	線寬小於28奈米（含）經營期15年以上	・優惠企業清單管理 ・生產企業之優惠期，自獲利年度起計算優惠期間 ・生產項目之優惠期，自項目取得第一筆生產經營收入年度起計算優惠期間
	5年免稅＋5年減半	線寬小於65奈米（含）經營期15年以上	
	2年免稅＋3年減半	線寬小於130奈米（含）經營期10年以上	
	10年虧損遞轉	線寬小於130奈米（含）結算年度前五個納稅年度發生的虧損金額	
IC設計、裝備、材料、封裝、測試企業和軟件企業	2年免稅＋3年減半	—	・事後管理 ・自獲利年度起計算優惠期間
重點IC設計企業和軟件企業	5年免稅，之後減按10%稅率徵收	—	・清單管理 ・自獲利年度起計算免稅期間

資料來源：中國政府，SK證券

第 6 章

美國的晶片製造崛起

去全球化時代的兩強：美國的策略與課題

美國與中國的霸權之爭，並非這一兩天才發生，只是在美國總統川普任內才將中國貼上標籤，直指中國威脅美國地位，大動作發動攻勢。

美國的第一回合攻勢是貿易戰，指控中國違反自由貿易，實施三階段關稅政策，並在二○一九年八月將中國列為匯率操縱國（currency manipulator）。第二回合是科技戰，不但鎖定華為，還將中國的科技企業列入黑名單，藉此限制美國企業在半導體價值鏈（value chain）與中國企業往來，也影響台積電在二○二○年九月之後無法再替華為代工生產，稀土等策略物資進口受限等。

美國總統拜登時代的關鍵字是民主主義、同盟主義與多邊主義，這樣的設定是針對中國的威權主義與敵對性。因此可將新開一回合美中霸權之爭定義為體制競爭。

纏鬥三回合的美中霸權之爭

第一回合：貿易戰	**美國對中國違反自由貿易採取行動，利用財政部的半年報發表匯率操縱名單** —互相採取三階段報復關稅行動，2019 年 8 月美國將中國列入匯率操縱國
第二回合：科技戰	**美國掐住華為命脈、公布科技企業黑名單、資安問題與通訊設備的爭議** —美國企業不得在半導體價值鏈與中國有生意往來，台積電暫停生產華為產品，稀土等戰略物資進口受限
第三回合：體制競爭	**拜登時代的關鍵字：①民主主義、②同盟主義、③多邊主義** —認為中國是威權主義的敵對性國家

資料來源：SK 證券

　　現任美國國內政策委員會（DPC，Domestic Policy Council）主任的蘇珊·萊斯（Susan Rice）與國家安全顧問（National Security Advisor）傑克·蘇利文（Jake Sullivan）在歐巴馬總統任內曾獲重用，兩位外交、國安人物分別在對內政策與對外政策扮演重要輔佐角色，拜登上任後再次獲得任命。

　　蘇利文二○二○年五月發表在《外交政策》（Foreign Policy）期刊的內容提到：①中國比蘇聯更有經濟實力與外交手腕、②中國與世界上許多國家有錯綜複雜的關係、③世界上有三分之二的國家視中國為最大貿易夥伴。若要牽制中國，美國應①承認中國地位但重回同盟路線加以牽制、②聯合國際社會共同抵抗中國壯大、③帶領美國的盟友通力合作對抗。

國內政策　　政策互補的　　對外政策
　　　　　　外交專家

蘇珊·萊斯
· 現任白宮國內政策委員會主任
· 歐巴馬政府時期擔任國家安全顧問
　（2013～2017年）
· 歐巴馬政府時期駐歐盟美國外交官
　（2009～2013年）

傑克·蘇利文
· 現任國家安全顧問
· 歐巴馬政府時期擔任副總統拜登的安全顧問
· 2008年選舉期間由希拉蕊（Hillary Clinton）陣營轉任歐巴馬隨行顧問
· 在歐巴馬第一任內，擔任國務卿希拉蕊的首席幕僚

　　從蘇利文的策略方向可預測，美國將跳脫川普政府喊出的「America First」（美國優先）單純策略，改走「Alliance First」（聯盟優先），並且快速形成區域整合，與其他國家共同牽制中國。

　　若要了解與川普政府「保護主義」相對的「多邊主義」，必須理解「民主主義」與「同盟主義」，用比再全球化（re-globalization）更接近去全球化及區域化的角度來看。此時若由美國主導同盟，先前「美國優先」的政策基調將會延續。

　　此外，美國必須重建經濟，才能維持獨霸地位與中國對抗。這部分能與拜登政府提出的「重建美好未來」（Build Back Better）理念扣合。「重建美好未來」字面上代表重建美國經濟，包括①振興經濟、②扶植製造業、③投資基礎建設的積極政策意義，實際上還隱含有①加強原產地政策、②美國企業優先、③新保護主義必定再起的意思。

從「美國優先」到「聯盟優先」：並非重返全球化的「去全球化」

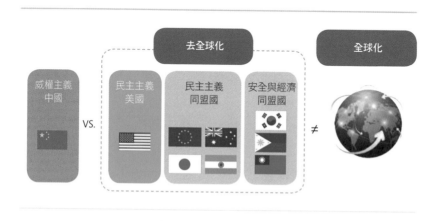

資料來源：SK證券

拜登政府振興製造業的競選政見

四年內投入七千億美元，擴充供應鏈、扶植製造業、吸引投資	Buy America・America First：中期採行保護主義、製造業回流（reshoring）

支持電動車、電池產業	為了在電動車、5G、AI、電池產業的全球市場讓美國取得主導權，將持續提供政策與支持	提高原物料國產自製比例
擴大投資創新技術		以國產鋼鐵進行交通基礎建設
提高稅制優惠	確保在沒有企業規模、人種或階級的差異下，吸引外國投資	在政府支持研發的產品中，增加國產品銷售
保障投資制度		以四年為週期，重新檢討必要的供應鏈（減少對中國與俄羅斯的依賴）

➡ 存在強化新保護主義的隱憂

資料來源：Joebiden.com，SK證券

美國最優先的課題

● 改善落後的基礎設施

　　雖然美國應走的路看起來很明確，但累積著不少問題必須解決。其中又以基礎設施嚴重落後是最大問題。

　　美國土木工程師學會（ASCE，American Society of Civil Engineers）每四年定期發表的《二〇一七年公共基礎設施評估報告》（2017 Infrastructure Report Card）中提到，美國所有基礎設施的平均等級為D+，迫切需要

嚴重落後的美國公共與製造業基礎建設

美國公共基礎建設的需求與投資　　　　　　　　　　　　　　　　單位：十億美元

期間	投資	陸上交通	上下水道	電力	機場	水路/港口	合計
2016~2025年	投資需求	2,042	150	934	157	37	3,320
	預估投入	941	45	757	115	22	1,880
	不足金額	1,101	105	177	42	15	1,440
2016~2040年	投資需求	7,646	204	2,458	376	112	10,796
	預估投入	3,312	52	1,893	288	69	5,614
	不足金額	4,334	152	565	88	43	5,182

資料來源：美國土木工程師學會

美國因為公共基礎建設落後造成的經濟損失　　　　　　　　　單位：十億美元、個

期間	GDP	企業營收	就業機會
2016~2025年	3,955	7,038	2,456,000
2016~2040年	14,201	29,292	5,809,000

資料來源：美國土木工程師學會

* 〔經濟損失〕美國因為公共基礎建設落後，預估二○二五年將影響GDP三兆九千億美元、企業營收七兆美元、二百五十萬個工作機會，平均家計負擔增加三千四百美元。

重建。世界經濟論壇（World Economic Forum）的國家競爭力指數中，美國的公共基礎建設排名第十六，落後日本（第九名）與德國（第十一名）。

　　美國土木工程師學會認為，二〇一六年到二〇二五年美國必須投入三兆三千億美元改善或建設新的基礎設施，但截至二〇二一年還差一兆四千億美元，離達成目標相差甚遠。不僅如此，二〇一六年到二〇四〇年總計需要十

美國的基礎設施評估結果

項目	評估結果				
	2017年	2013年	2009年	2005年	2001年
道路	D+	D	D-	D	D+
橋梁	C+	C+	C	C	C
鐵路	B	C+	C-	C-	-
機場	D	D	D	D+	D
內陸水路	D	D-	D-	C-	D+
港口	C+	C	-	-	-
上水道	D	D	D	D-	D
下水道	D+	D	D-	D-	D
能源	D+	D+	D+	D	D+
水庫	D	D	D	D	D
有害廢棄物	D+	D	D	D	D+
固體廢棄物	C+	B-	C+	C+	C+
學校	D+	D	D	D	D-
整體評分	D+	D+	D	D	D+

資料來源：美國土木工程師學會、SK證券

兆八千億美元，截至二〇二一年也還差五兆兩千億美元。雖然川普政府時期就不斷強調基礎建設、製造業、就業機會的重要性，但投資依然欠缺。

● 內容貧乏的製造業回流政策與製造部門空洞化現象

國際分工與合作從一九七〇年到一九八〇年代之後，依照比較利益（comparative advantage）原則擴張，二〇〇〇年代在中國成長之下發展到極致。先進國家專注於發展高附加價值產業，屬於勞動密集型的製造業則一窩蜂地擁入中國。在這個過程中，美國製造業的附加價值占GDP比例不斷

持續衰退的美國製造業附加價值與職缺比率

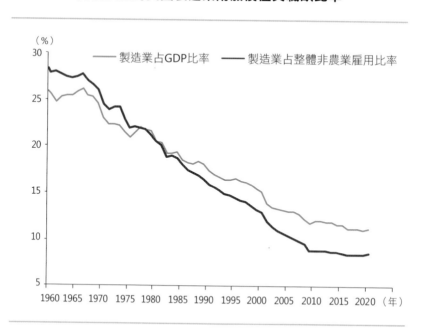

資料來源：美國勞動部，SK證券

製造業空洞化的優缺點

優點	缺點
・產業結構提升 ・發揮已開發國家的專業分工 ・引發突破性技術創新 ・刺激服務業與先進製造業的競爭力 ・（商品價格下跌帶來的）消費者福利增加	・生產減少 ・失業人口增加 ・阻礙改良性技術創新（技術空洞化） ・進口增加與匯率不穩定 ・地方經濟衰退

資料來源：樂金經濟研究院（LG Economic Research Institute），SK證券

減少，能提供的就業機會也持續萎縮。

　　二〇〇八年金融海嘯之後，製造業空洞化開始被認為是美國嚴重的社會問題。二〇一〇年雖然曾實施製造業回流的政策，但經過十年，並未在美國的GDP比例帶來有意義的改變。

　　由全球化引起的美國製造業空洞化，現在是負面多於正面，甚至還有名為《沒有中國製造》（*A Year Without Made in China*）的書出版，感嘆美國連一枝鉛筆都無法製造。美國若要讓已處在絕對劣勢的製造業回流，①調降公司稅率、②補助遷廠費用、③對研發支出減稅、④對雇用當地居民的企業減稅等，應是美國必須採行的政策手段。

　　若要讓美國的經濟回溫，不能只考慮刺激消費，還要從政府的立場展現扶植製造業發展的決心。雖然提高既有工廠的稼動率與生產效率很重要，但仍須擴大推動製造業回流美國，實施可快速提高製造業生產力的新政策。特別對於未來有快速成長潛力的領域，美國政府應採取更直接、更有力道的支持政策，協助業者直接在美國生產。

新冠肺炎疫情引發的晶片短缺

晶片市場從二〇二〇年下半開始出現短缺，並且在二〇二一年上半嚴重影響全球製造業。由於晶片取得不易，國際汽車大廠紛紛減少生產。目前晶片發生絕對性的供不應求，美國與歐盟國家催促台積電提高產能。理由為何？因為美國與歐盟國家的晶片產能明顯偏低，短期內無法提高供貨能力。

晶片短缺造成國際汽車業者生產延誤

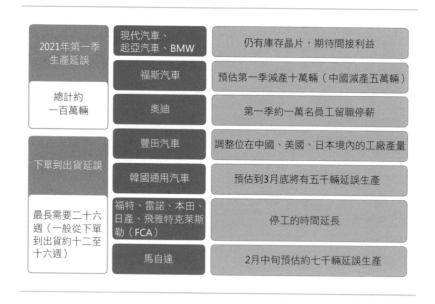

2021年第一季生產延誤	現代汽車、起亞汽車、BMW	仍有庫存晶片，期待間接利益
	福斯汽車	預估第一季減產十萬輛（中國減產五萬輛）
總計約一百萬輛	奧迪	第一季約一萬名員工留職停薪
下單到出貨延誤	豐田汽車	調整位在中國、美國、日本境內的工廠產量
	韓國通用汽車	預估到3月底將有五千輛延誤生產
最長需要二十六週（一般從下單到出貨約十二至十六週）	福特、雷諾、本田、日產、飛雅特克萊斯勒（FCA）	停工的時間延長
	馬自達	2月中旬預估約七千輛延誤生產

資料來源：Money Today，SK證券

2021年第一季國際汽車業者產量減少預測

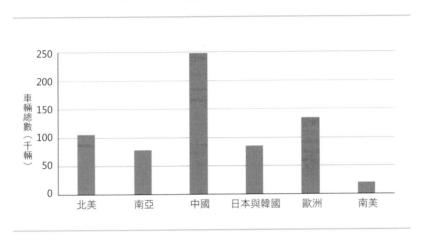

資料來源：IHS Market，SK證券

美國對晶片製造的危機意識

　　二〇二〇年十月美國皮尤研究中心（Pew Research Center）公布的市調結果顯示，在對中國的好感度問題中，受訪者回答「不喜歡」的比率高達七三％，有史以來最高。皮尤研究中心認為，原本美國與中國的對立情勢就逐漸升溫，新冠肺炎又讓中國的形象大傷，才會造成如此的調查結果。這種不喜歡中國的現象稱為「恐中症」（China-phobia），不只在美國發生，多數美國的盟友也有相同問題。

　　從這裡可進一步延伸，西方企業的去中國化、美國政府對「中資」的投資限制、「再也不想跟中國一起生活」的意識，可成為牽制中國經濟霸權的「抗中策略」。

各國對中國的好感度

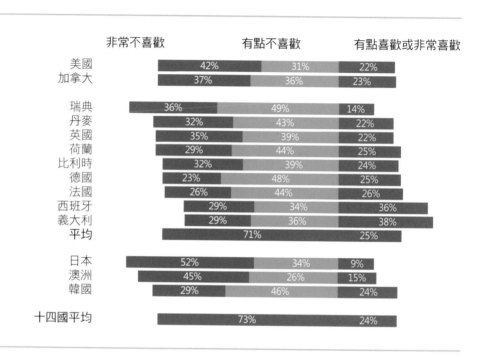

	非常不喜歡	有點不喜歡	有點喜歡或非常喜歡
美國	42%	31%	22%
加拿大	37%	36%	23%
瑞典	36%	49%	14%
丹麥	32%	43%	22%
英國	35%	39%	22%
荷蘭	29%	44%	25%
比利時	32%	39%	24%
德國	23%	48%	25%
法國	26%	44%	26%
西班牙	29%	34%	36%
義大利	29%	36%	38%
平均	71%		25%
日本	52%	34%	9%
澳洲	45%	26%	15%
韓國	29%	46%	24%
十四國平均	73%		24%

資料來源：皮尤研究中心，SK 證券

德國最大的言論媒體《畫報》（Bild）以
極具攻擊性的語氣嚴厲批評習近平：
「你在危害全世界。」

二○二○年美國半導體產業協會（SIA，Semiconductor Industry Association）發表了一份意義重大的政策報告，內容提及二○三○年中國的晶片產能將占全球二四％，在全球半導體產業成為霸權。

相對於競爭國家，美國在下列四項要素被認為缺乏競爭力：①人事費、②政府支持政策、③資本投資、④基礎設施匱乏。其中，人事費是業者經營工廠必要的營運成本。業界雖然期待美國政府推行智慧製造（smart manufacturing），但在此之前，應該要先有能吸引業者在美國設廠的支持政策。不僅如此，若美國要在處於絕對劣勢的晶片製造領域提高產能，必須制定有吸引力的激勵政策，優先改善不足的基礎建設。

各國晶片製造產能趨勢與展望（當美國沒有半導體發展政策）

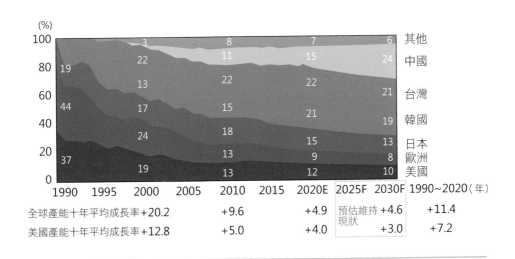

資料來源：SIA，SK證券

美國相對於競爭國家不足的四項要素

重要性

非常重要，
但缺乏競爭力

生態圈與　非常重要
碳足跡的綜效 也有競爭力

高

① 人事費

● 取得必要能力

②
政府支持政策

● 智慧財產權
　與資產安全

重要性低

資本投資③

低

基礎設施④

低　　　　　　　　　高　　美國的競爭力
　　　　　　　　　　　　（vs.各國中位數）

資料來源：SIA，SK證券

從整體擁有成本看晶圓廠的營運條件

　　要生產晶片，必須先投資固定資產與生產設備。美國半導體產業協會公布的資料顯示，興建一座生產CPU（中央處理器）、GPU（繪圖處理器）、AP（應用處理器）等先進邏輯（Advanced Logic）晶片工廠，並架設月產能三萬五千片（35K）的生產線，需要花費大約兩百億美元；興建一座生產一百二十八層3D NAND Flash記憶體晶片工廠，並且架設月產能十萬片

影響晶圓廠整體擁有成本的因素

	Advanced Logic	Advanced Memory	Advanced Analog
主要產品	行動裝置處理器、AI系統、超級電腦	行動裝置高效能快閃記憶體、PC、資料中心	電動車與電動交通工具用PMIC、再生能源相關晶片等
生產技術	·十二吋晶圓 ·五奈米製程	·128層3D NAND Flash ·十二吋晶圓 ·二十奈米製程	·十二吋晶圓 ·六十五奈米製程
產能（晶圓／月）	35,000	100,000	40,000
員工人數（人）	~3,000	~6,000	~3,000
資本投資（十億美元）	~20	~20	~5

資料來源：SIA，BCG，SK證券

的生產線，也需要大約兩百億美元。最近電動車與電動交通工具成為熱門話題，若要興建一座生產車用PMIC（電源管理IC）晶片，或生產與再生能源相關的Advanced Analog（先進類比）晶片工廠，擁有月產能四萬片，也必須投資五十億美元。

　　美國對晶片製造崛起應做的基本準備是制定獎勵政策，鼓勵主要晶圓業者在美國設廠。要讓晶圓廠運作，除了建廠之外，也不能忽視營運成本。因此，美國若要以晶片製造崛起，不只應對企業的設備投資提供補助，對工廠的營運成本也應有適當減免。美國政府唯有同時對設備投資與工廠營運成本提供減免，才有機會將往中國聚集的晶片生產設施留在美國。

　　美國半導體產業協會與波士頓顧問公司（BCG，Boston Consulting

Group）的分析結果指出，晶圓業者在美國設廠的整體擁有成本（TCO，Total Cost of Ownership）比在中國、韓國、台灣高出許多。這裡值得注意的是，在中國設廠的整體擁有成本分為標準（standard）模式與技術分享（tech sharing）模式計算。中國政府對國家半導體研發投資所占的比例之高，在全球展現壓倒性的領先，由國家主導研發的技術也經常與製造生產的業者分享。因此美國若要拉開與中國的差距，除了必須對企業提供直接性的支持，也必須提供更多間接補助。

政府支持政策對半導體業者整體擁有成本的影響

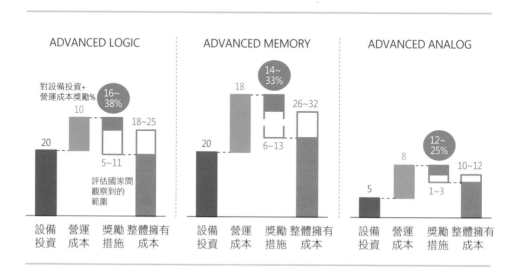

資料來源：SIA，BCG，SK 證券

　　首先，試算直接補助經費。晶圓代工業者在美國設置生產線時，美國政府提供補助的比率約一〇至一五％，是全世界最低水準，但若在中國進行投資，可獲得三〇至四〇％補助。假設業者在美國獲得最高補助一五％，在中國獲得最低補助三〇％，此時美國政府欲挽留因為經濟因素擬前往中國投資的業者，至少必須再提供一五％補助。以前面提過大約要兩百億美元才夠興建一座生產 Advanced Logic 晶片的工廠來計算，美國政府對每件投資計畫必須提供三十億美元補助。

美國晶圓廠的整體擁有成本相對高於競爭國家

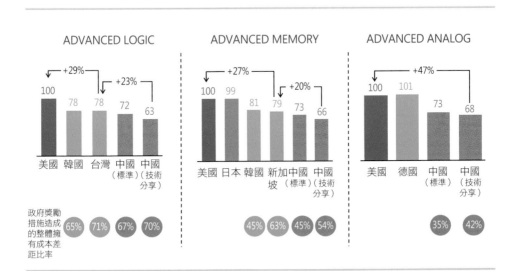

資料來源：SIA，BCG，SK證券

政府支持政策對業者產生的減免效果（單位：％）

	美國	日本	韓國	台灣	新加坡	亞洲平均	中國	德國	以色列
設備投資減少									
土地	50	75	100	50	100	85	100	100	75
設施	10	10	45	45	25	33	65	35	45
設備	6	10	20	25	30	20	35	5	30
營運成本減少									
人事費等	5	5	5	5	15	7	33	7	5
稅金減少									
公司稅	-	-	60	-	35	30	75	-	74
本稅	100	-	-	-	-	-	-	-	-
財產稅	100	100	100	-	-	60	-	-	-
合計	10~15	~15	25~30	25~30	25~30	~25	30~40	10~15	~30

資料來源：BCG，SK證券

美國的國家半導體研發投入將展現劃時代成長

美國與中國的半導體研發投資結構完全相反。美國由民間企業主導研發，政府的投資比率僅四％，中國則因為多數民間企業有財務困難，本身擁有的技術水準不高，因此由政府主導。

二〇二一年一月中國國務院總理李克強在全國人民代表大會工作報告公開表示，二〇二一年起的第十四個五年計劃（二〇二一至二〇二五年）期間，將策略發展八大產業。這八大產業分別是：①稀土類新材料、②高鐵、

相較於民間企業，美國政府嚴重不足的半導體研發投資

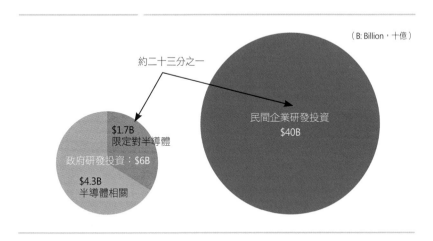

（B: Billion，十億）

約二十三分之一

$1.7B
限定對半導體

政府研發投資：$6B

$4.3B
半導體相關

民間企業研發投資
$40B

資料來源：SIA，SK證券

從GDP觀點比較美國政府與民間企業的半導體研發投資比率

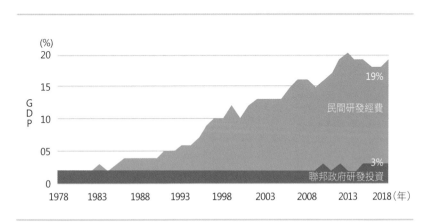

資料來源：SIA，SK證券

大型液化天然氣（LNG）載運船、C919大型客機等重點技術與設備、③智慧製造與機器人技術、④飛機引擎、⑤北斗衛星導航系統應用、⑥新能源車輛與智慧汽車、⑦先進醫療設備與新藥、⑧農業機具。為了發展這些產業，中國訂出七大先進技術領域：①人工智慧、②量子資訊（量子運算）、③積體電路（IC）、④腦科學、⑤基因與生物技術、⑥臨床醫學與健康照護、⑦太空、深海、極地探測。

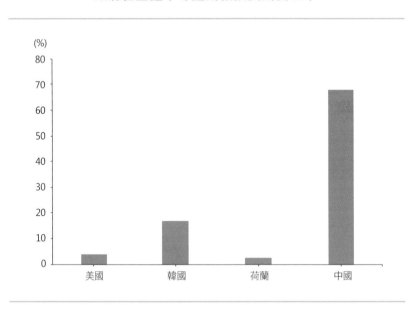

政府在整體半導體研發投資所占比率

資料來源：SK證券

未來由晶片技術水準掌握主導權的核心技術與應用領域

核心技術	應用領域
人工智慧	自動駕駛、醫療、能源管理、教育、金融、智慧家庭、製造、存貨管理、運輸等，實際上幾乎是所有領域
量子運算	人工智慧等要求高速電腦運算能力的所有領域
無線通訊	物聯網、自動駕駛、雲端運算等
物聯網	自動駕駛、醫療、能源管理、智慧家庭、農畜水產、運輸等

資料來源：SK證券

　　美國不想輸給中國，唯有在人工智慧、量子運算（quantum computing）、認知計算（cognitive computing）、物聯網等領域領先中國，才能在第四次工業革命時代成為獨霸國家。欲達成這個目標，晶片扮演最關鍵的角色，美國若要在半導體產業維持優勢，勢必得以國家層級對半導體研發注入劃時代的大規模投資。

　　美國半導體產業協會認為，美國政府的半導體投資在八年後將使GDP成長十六倍。美國政府點名半導體為帶動GDP成長的核心動力，期待在拜登政府第二任任期屆滿的二〇二九年，為美國創造五十萬個就業機會。

美國政府的半導體研發投資：每1美元使GDP增加16.5美元

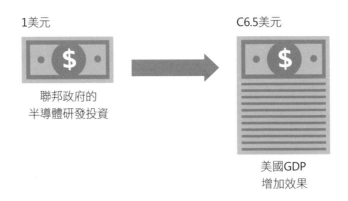

1美元

聯邦政府的
半導體研發投資

C6.5美元

美國GDP
增加效果

資料來源：SIA，SK證券

政府增加研發支出帶動GDP成長

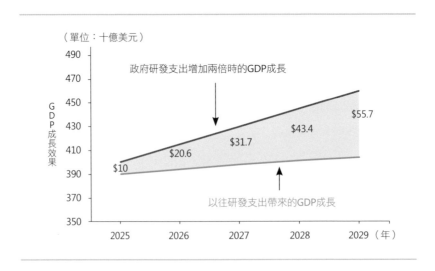

（單位：十億美元）

政府研發支出增加兩倍時的GDP成長

G
D
P
成
長
效
果

490
470
450
430
410
390
370
350

$10
$20.6
$31.7
$43.4
$55.7

以往研發支出帶來的GDP成長

2025　2026　2027　2028　2029（年）

資料來源：SK證券

政府研發支出連帶影響經濟成長

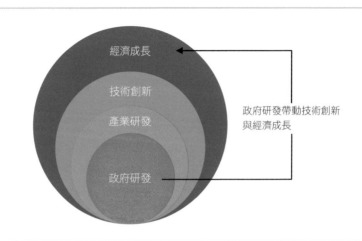

資料來源：SK證券

各國政府進行研發投資的乘數效果（multiplier effect）

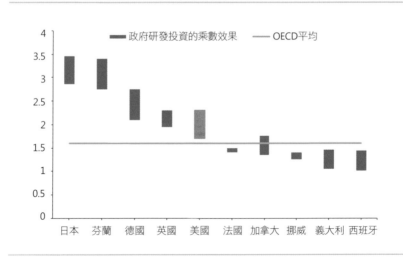

資料來源：Oxford Economics，SK證券

美國半導體產業協會對白宮的書信內容節錄

Semiconductors power essential technological advancements across healthcare, communications, clean energy, computing, transportation, and countless other sectors, and chip-enabled technologies have helped keep us productive and connected during the pandemic. By investing boldly in domestic semiconductor manufacturing incentives and research initiatives, President Biden and Congress can reinvigorate the U.S. economy and job creation, strengthen national security and semiconductor supply chains, and ensure the U.S. remains the leader in the game-changing technologies of today and tomorrow.

半導體可做為奠定健康照護、通訊、清淨能源、電腦運算、運輸等各種關鍵產業發展的後盾。搭載半導體的科技，讓我們即使面對疫情全球大爆發，也能維持生產力與通訊網路。藉由對國內晶片製造提供獎勵補助，以及大膽進行研發投資，總統與聯邦議會將可振興美國經濟與創造就業機會，並且強化國家安全與半導體供應鏈，確保美國在今日與未來的創新技術維持領導地位。

資料來源：SIA，SK證券

美國最大的風險，台灣

現在已經知道在健康照護、通訊、清淨能源、電腦運算、運輸等各種領域，半導體是奠定關鍵產業（key industry）發展的基礎。美國也了解，只要對國內的晶片製造提供補助，並且大膽進行投資，就能振興美國經濟、

創造就業機會。但這裡有一項不容忽視的問題，正是國家安全（national security）。

● 島鏈

　　美國在中國的島鏈（island chain）一詞指的是島鏈策略（island chain strategy），一九五一年韓戰當時，由美國的政治外交家，之後曾任國務卿的約翰・杜勒斯（John Dulles）提出，意圖封鎖中國勢力。由於首次提及島鏈正處於美蘇冷戰期間，美國的國家安全政策重心放在蘇聯，加上中國的海軍戰力遠不及美國，因此中國並未受到重視。但美蘇冷戰結束之後，中國國力增強，中國的國家安全顧問將焦點從經濟政策轉為發展海軍。

第一島鏈與第二島鏈

一九五三年毛澤東為了對抗帝國主義入侵，強調必須建設海軍；為中國帶來改革開放的鄧小平與延續政策的江澤民，為了突破美國的島鏈封鎖，強調必須建立具有強大戰力的海軍戰略。前中國海軍司令劉華清在一九八二年重新提出島鏈概念，之後加強海軍戰力與突破島鏈封鎖成為中國的願望。

最重要的第一島鏈連接「琉球群島－台灣－菲律賓－南海－馬來西亞」，台灣位在島鏈的中心位置，如同一艘不沉的航空母艦（unsinkable aircraft-carrier），第二島鏈連接「日本－塞班島－關島－印尼」。中國目標是第一回合先在第一島鏈取得制海權後，再繼續進攻第二島鏈。劉華清強烈建議，唯有發展航空母艦戰鬥群，才能達成目標。

● 重要變化

二〇二一年三月美國海軍情報局（ONI，Office of Naval Intelligence）發布的報告書中提到，二〇二〇年底美國已經將長久以來維持世界第一的海軍艦艇規模頭銜讓給中國。二〇一五年中國人民解放軍海軍的軍艦數量為二百五十五艘，二〇二〇年增加到三百六十艘，比美國多出六十三艘。預估到二〇三〇年中國還會再增加六十五艘軍艦，總計達到四百二十五艘，其中包括中國第一艘核動力航空母艦，該艦艇也是中國第四艘航空母艦。

二〇二一年中國在舉行兩會（全國人民代表大會與中國人民政治協商會議）之前，升高台海緊張情勢，也在南海舉行大規模軍事演習。不僅如此，中國裝載射程可達一千七百公里，有「航空母艦殺手」之稱的東風21D反艦彈道飛彈（ASBM），每逢重要活動就展示軍備。二〇二〇年八月美軍的U-2偵察機進入中國軍方設定的禁航區，中國立即發射包括東風21D在內的

中國與美國的軍艦數目

	2000年	2005年	2010年	2015年	2020年	2025年	2030年
彈道飛彈潛艇	1	1	3	4	4	6	8
核動力攻擊潛艇	5	4	5	6	7	10	13
柴油攻擊潛艇	56	56	48	53	55	55	55
航空母艦、巡洋艦、驅逐艦	19	25	25	26	43	55	65
巡防艦、護衛艦	38	43	50	74	102	120	135
中國軍艦總數（包含上列以外的其他類型）	110	220	220	255	360	400	425
美國軍艦總數	318	282	288	271	297	n/a	n/a

*軍艦數量的計算包含功能不足的舊型艦艇與最新型艦艇
資料來源：中國海軍，美國海軍，SK證券

中程距離彈道飛彈示警。

　　部署在中國大陸的反艦彈道飛彈性能快速提升，飛彈數量也日益增加，美國要維持第一島鏈愈來愈困難。現在中國有信心突破第一島鏈，實施大規模軍事訓練的頻率也愈來愈高，以包圍、孤立台灣。

● 幽靈艦隊策略登場與暴露的弱點

　　二○二一年三月美國智庫蘭德公司（RAND Corporation）與國防部舉行一場美國與中國的軍事競賽模擬（war game，又稱兵棋推演），結果令各界跌破眼鏡，因為美國不但沒有取得優勢，展現的成果也差強人意。台灣的空軍在幾分鐘內全被殲滅，太平洋一帶的美軍基地遭受攻擊，美國軍艦與航

空母艦在中國的遠距離威脅下無法靠近。美國前印太司令菲利普・戴維森（Philip Davidson）任內在參議院軍事委員會的聽證會中警告，中國可能在六年內對台灣發動軍事行動。

二〇一五年新美國基金會（New America Foundation）未來學家彼得・辛格（Peter Singer）與前《華爾街日報》（*The Wall Street Journal*）軍事記者奧古斯特・科爾（August Cole）合著名為《幽靈艦隊：中美決戰2026》（*Ghost Fleet: A Novel of the Next World War*）的虛擬戰爭小說，裡面描述了美國的煩惱。以下簡要摘錄小說內容。

「中國破壞美國的偵察、通訊衛星後，利用無人機空襲夏威夷珍珠港。美國在失去有如雙眼與雙耳的人造衛星期間，也失去了航空母艦與核動力潛水艇，夏威夷被中國占領。所幸美國利用隱形驅逐艦朱瓦特號（Zumwalt）與退役艦艇，組成幽靈艦隊成功反擊，最後順利收復夏威夷。」

虛擬戰爭小說《幽靈艦隊：中美決戰2026》與靈感來自小說的美國海軍幽靈艦隊策略。

　　美國海軍的幽靈艦隊（Ghost Fleet）策略靈感雖然來自小說，但發展方向完全不同。美軍希望「保障有人系統的生存可能性，同時也要加強無人系統的任務執行力」，開始針對：①可依照各種狀況展現無人艦隊的基本性能、②偵察設備、管制系統、耐波力、安全性（安保）等基本性能、③可執行無人系統運作的管制技術、自動駕駛技術、④實施美國海軍幽靈艦隊的概念等進行研究。

　　實際上美國海軍正以二〇二五年起啟動幽靈艦隊為目標，設計各種無人艦艇。國防高等研究計劃署（DARPA，Defense Advanced Research Projects Agency）也以海獵號（Sea Hunter）無人艦進行演習。此外，美國也研發中型無人水面艦（MUSV）、配備Mark 41垂直發射系統（Mark 41 Vertical Launching System）的大型無人水面艦（LUSV）等，欲在兩百海里專屬經濟區（EEZ）執行指揮、控制、通訊、電腦（C4），以及其他海上攻擊任務。這些艦艇優先配置的地點正是第一島鏈。

　　不過這項策略的缺點在於，若中國也準備好無人軍艦應戰，屆時將演變成消耗戰。由於中國建造軍艦的成本相對便宜，有利於大量生產，美國也必須大量製造無人軍艦才能回擊。這樣一來，兩國的軍事衝突將變成大規模海上戰爭，夾在中間的台灣極可能已被中國人民解放軍登陸，發生共軍占領台灣的情形。

　　若中國占領或封鎖台灣，美國將陷入極大危機。因為美國目前的半導體產業以晶片設計為主，並非直接製造生產。以前英特爾曾經從晶片設計到生產展現強大的技術力，但最近五年製造競爭力衰退，現在擁有全球頂尖製造技術的業者是台積電，美國高度依賴台積電代工生產晶片。

　　二〇二〇年第三季台積電營收有五九％來自北美客戶，同年第四季台積電停止替華為代工生產，加上蘋果推出新產品，北美客戶的營收比率飆升到七三％，台積電與美國的半導體產業逐漸發展成生命共同體。因此若台灣遭受攻擊，美國的半導體產業將陷入癱瘓，而晶片的角色又日益吃重，恐怕也會對美國其他產業造成嚴重影響。

　　前Google執行長，目前擔任美國人工智慧國家安全委員會（NSCAI，National Security Commission on Artificial Intelligence）主席的艾立克・施密特（Eric Schmidt）認為，由於美國過度依賴台灣的晶片生產，不論商業上或軍事上，都讓美國在人工智慧領域面臨喪失世界頂尖地位的威脅。施密特表示：「具體來說，因為過度依賴台灣，美國即將失去微電子（microelectronics）的優勢地位，失去可培養企業與軍隊的能力。」人工智慧國家安全委員會歷經兩年研究，發表的七百五十六頁報告書中警告，人工智慧除了幫助美國與消費者，也會因為中國投資發展先進技術，讓美國暴露出策略上的弱點；美國若要從事晶片設計與製造，必須在國內建設靈活的晶片生產基地。

艾立克・施密特利用在美國議會諮詢委員會的報告書提出警告，指出美國晶片製造過度依賴台灣。

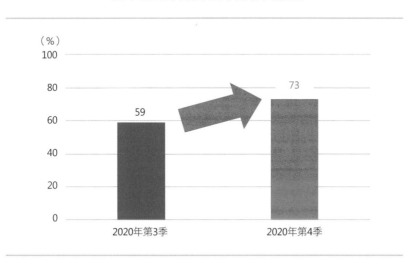

北美地區對台積電的營收貢獻度

資料來源：台積電，SK證券

比中國更強悍的美國晶片製造崛起

　　美國與中國的霸權競爭已經進入無法回頭的局面。習近平期望二〇二二年在兩會連任，延長政權十年，即便面對美國與歐盟國家的壓迫也不願放低姿態。由於中國已經赤裸裸地展現霸權策略，美國除了封鎖中國的野心別無他法，一刻也無法喘息，才會產生「美國的晶片製造崛起」。

　　美國正在將中國做為標竿。回顧二〇二〇年美國為促進晶片生產實行的《美國晶片法》（Chips for America Act），內容最先提到投資抵減，將對二〇二〇年六月至二〇二四年建置的半導體設備與生產設施，提供高達四〇％的投資補助。該法案存在退場機制，二〇二四年以前的補助上限是四〇％，

二○二五年最多補助三○％、二○二六年最多補助二○％，金額逐年減少，
預定二○二七年廢止。

　　一般若要興建晶片製造廠，業者必須斥資一百億至兩百億美元投資生產
設備，美國政府承諾對業者最高補貼四○％的法案，將是吸引業者在美國設
廠的強烈誘因，且若要在法案廢止前獲得最多優惠，業者必須盡快在二○二
四年以前設廠。

推動在美國境內製造晶片的聯邦政府支援政策

支援領域	支援內容		
投資租稅抵減	· 對2024年以前設置的半導體設備與生產設施，最高補助40%的投資租稅抵減計劃 · 該計劃的補助上限2025年調降為30%、2026年20%，預定2027年廢止		
建立晶圓代工廠	· 考慮創設十年期，規模為150億美元的聯邦基金，對美國境內的設廠計劃提供補助 · 依照參眾兩院通過的法案內容，每件晶圓廠與研究設施的興建計劃，最多可獲得30億美元補助		
擴大研發投入	· 總計提撥120億美元，以確保晶片技術的領導力		
	內容	支援規模	
	國防高等研究計劃署的電子技術復興獎勵補助	20億美元	
	國家科學基金會的半導體基礎研究計劃補助	30億美元	
	能源部的半導體基礎研究計劃補助	20億美元	
	在商務部底下設立國立先進封裝製造研究院及人才培育	50億美元	
創設基金	· 為了維持半導體相關政策的一貫性，與外國政府進行協議，成立十年期7億5,000萬美元的信託基金		

　　目前美國半導體產業最脆弱的部分是晶片製造，美國政府為了對在境內設廠的業者提供補助，即將創設一個為期十年、規模約一百五十億美元的聯邦基金。依照參眾兩院通過的法案規定，每件晶圓工廠與研究設施的興建計劃，業者最多可獲得三十億美元補助。這是美國政府將中國的補助比例列入考慮後決定的金額。

　　先前美國政府投入的半導體研發比例明顯低於中國，若要將比例提高，政策必須更具攻擊性。在提高研發投資方面，美國政府預定對國防高等研究計劃署、國家科學基金會（NSF，National Science Foundation）、能源部（Department of Energy）集中提供支持；在加強後段製程部分，將在商務部（Department of Commerce）底下設立國立先進封裝製造研究院，並且培育人才，後續美國政府應會對此編列大規模預算。

　　緊接著通過的《二〇二〇年美國晶圓代工法》（American Foundries Act of 2020）雖然與促進晶片製造的獎勵法案類似，但補助方式不同。《二〇二〇年美國晶圓代工法》在二〇二一年一月《國防授權法》（National Defense Authorization Act）修訂案通過後正式拍板定案，美國用更具國家安全的角度來看待晶片，基於維護國家安全的立場，為國防部開啟可主導設備投資與研發的大門。宣布將重回晶圓製造市場，並且對美國進行大規模投資的英特爾執行長派特・基辛格（Pat Gelsinger）表示，目前全球晶片生產比率在亞洲是八〇％、美國一五％、歐洲五％，英特爾在美國與歐洲製造晶片，將可增進客戶利益與各國安全。

美國晶圓代工法

支持領域	支持內容
本國生產	· 商務部提供150億美元，對建設商用或與國安相關的晶片製造、組裝、測試、封裝廠房及擴充研發設施進行補助 · 國防部另外提供50億美元，對維持國安機密必要的晶片生產進行補助
研發	· 提供50億美元研發技術不如台灣與韓國的微影製程 　－國防高等研究計劃署20億美元 　－國家科學基金會15億美元 　－能源部12億5,000萬美元 　－國家標準與技術研究院（NIST，National Institute of Standards and Technology）2億5,000萬美元 · 依照本法獲得補助的政府機關，對研發成果產生的智慧財產權，應推行政策促進業者留在國內生產

美國的最終目標是？

　　整體而言，美國半導體產業協會點出美國國內的晶片製造基礎設施不足，美國政府決定祭出有史以來規模最大的稅制優惠與各種獎勵機制，鼓勵半導體業者在美國設廠。美國的晶片製造崛起政策就算不是針對美國企業，對其他國家的業者而言，從整體擁有成本的觀點來看，具有相當程度的吸引力。

　　美國政策的短期目標雖然是讓境內有更多高科技晶圓代工廠，長期則希望避免因為台灣遭受侵擾引發晶圓代工危機，在美國建立「設計－製造－封裝－測試」完整半導體製程的供應鏈，藉此在競爭力上取得壓倒性的領先，更進一步拉開差距，以便在未來主導的產業裡壓制中國，做為長期、宏觀的發展策略。

美國對擁有晶圓代工能力的全球企業提供設廠獎勵優惠

擴大在美國亞利桑那州的設廠計劃

・投資金額：360億美元（月產能10萬片）
・生產項目：五奈米以下先進製程
・投產時間：2024年（2021年動工）

對美國奧斯汀廠追加投資

・投資金額：預估約170億美元（100億美元以上）
・生產項目：預估為三奈米（目前主力為十四奈米）
・投產時間：預估2023年（三奈米量產時間）

正在與美國國防部研擬建廠事宜，主要生產與國家安全直接相關的品項

川普政府任期屆滿前曾經討論過一次，但沒有任何內容定案

民間部門　　　　　國防部門

資料來源：SK證券

（編按：2021年三星宣布再蓋新廠，斥資170億美元建設新廠，負責製造行動裝置、5G、高效能運算和人工智慧等先進晶片，地點選定德州泰勒市，預計2022年上半年動工，2024年下半年投產。）

第 7 章

待解的課題，生產力

工業革命與生產力

德國哲學家黑格爾（Hegel）曾提出「質量互變」的概念，講述若累積一定程度的數量變化，某個瞬間就會發生質性變化，因此內部如果持續累積能量，某個瞬間將會爆炸，創造與以往完全不同的環境。這種變化若發生在業界，就稱為「工業革命」。一般常說的工業革命，最早出現在德國社會主義學家弗里德里希‧恩格斯（Friedrich Engels）撰寫的〈英國工人階級狀況〉（The Condition of the Working Class in England）論文，後來被英國史學家阿諾德‧湯恩比（Arnold Toynbee）廣為流傳。

第一次工業革命始於一七八四年的英國，蒸汽機誕生讓生產方式由手工進入機械，勞動生產力因此提高至少三倍。

第二次工業革命從一八七〇年進入電氣時代，製造業得以大量生產。此時因為鐵路建設、鋼鐵與汽車的大量生產，使生產力出現劃時代的提升。

第三次工業革命也稱為「第三波」（The Third Wave），利用電腦的資訊化與自動化生產系統登場。一九九〇年代中期以後，資通訊產業與新再生能源發展熱絡，加速第三次工業革命進行，以傳統製造業為主的時代式微，開啟新的社會網絡與合作時代。

第四次工業革命是什麼？有哪些部分不同？撰寫《第四次工業革命》（The Fourth Industrial Revolution）一書的克勞斯‧施瓦布（Klaus Schwab）主張，第四次工業革命是利用連線、去中心化與分權、共享與開放，朝向智慧化的世界發展。簡單來說，雖然許多人認為第四次工業革命只是第三次工業革命的延伸，但兩者之間最大的差異在於「自律化」

（autonomy）。如果第三次工業革命建立起資訊化與自動化（automation），現在就是以人工智慧為基礎的自律化，藉由自駕車、機器人等，朝向智慧化執行任務的世界邁進。欲建立智慧化的世界，必須有大數據、人工智慧、雲端、區塊鏈等技術。

　　若要機器人依照我們期待的水準自主執行任務，機器人必須不分場所與時間，隨時能立即接收必要的大量資訊，這種數位網路稱為「數位網格」

數位技術點燃的智慧化革命

由人工智慧、大數據等數位技術點燃以超連結為基礎的智慧化革命

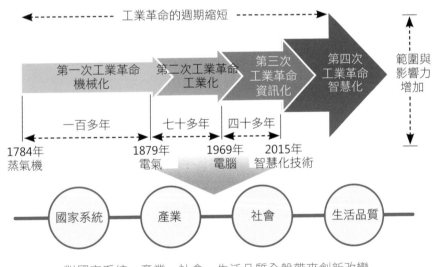

對國家系統、產業、社會、生活品質全盤帶來創新改變

資料來源：科技資通訊部（MSIT，Ministry of Science and ICT）

（digital mesh）。

數位網格是利用超高速網路連接雲端的環境，以資料中心與物聯網為基礎運作。要讓大規模資料在不延遲的情況傳送與接收，這時就需要5G以上的超高速通訊網路。

美國的另一項弱點：工資高與生產力低

先前提到，若美國政府希望晶圓業者留在美國設廠，應實施租稅減免、提供大規模補助等政策。但除了政府的獎勵政策，最根本的關鍵是美國工資水準明顯比競爭國家高。

業者的設備投資負擔雖然能利用政府的優惠獎勵政策解決，但過高的人事費絕對不利於工廠運作。所幸美國為了吸引晶圓業者設廠，除了聯邦政府的支持政策，州政府也有額外提供獎勵措施，免稅額度預估將比以往高。

但美國不是只有扶植半導體產業。半導體是位在第四次工業革命中心位置的關鍵產業，人工智慧、健康照護、清淨能源、汽車、物流、機器人等領域也是必須取得先占優勢的產業。若要讓美中爭霸的結局是美國成功打敗中國，並且在第四次工業革命時代維持霸權，應該要有新的方法解決工資高與生產力低。

以5G＋MEC為基礎的AI時代揭幕

二〇二〇年四月微軟執行長薩蒂亞・納德拉（Satya Nadella）說：「原

本需要花兩年的數位轉型（digital transformation），現在只用兩個月就做到了。」納德拉還提到，溝通方式與科技的改變，造就新的基礎設施與新裝置登場，搭載人工智慧的機器將逐漸普及。未來勢必會發生許多變化，若要讓這些變化實現，必須先讓基礎設施有所改變；這些變化的頂端將有5G基礎建設與行動邊緣運算（MEC，Mobile Edge Computing）。

曾說「原本需要花兩年的數位轉型，現在只用兩個月就做到了」
的微軟執行長薩蒂亞・納德拉。

5G具有「超高速、低延遲、超連結」的優點，與4G相比，5G的傳輸速度快上十倍，有更短的延遲時間，每平方公里允許一百萬台機器設備連線。若在這種5G通訊基礎設施建構MEC環境，就能讓終端設備（end device、edge device）在人工智慧環境扮演更強大的角色。

MEC是建立一個鄰近行動通訊基地台的伺服器、運算系統，就近處理資料、儲存資料，縮短資料的傳輸距離，讓具有超高速、低延遲、超連結特性的5G基礎建設得以建立。結合5G與MEC，可讓成千上萬的物聯網終端設備經由串流（streaming）操作。

透過 MEC 架構加強邊緣雲（edge cloud）的角色分配與縮短延遲

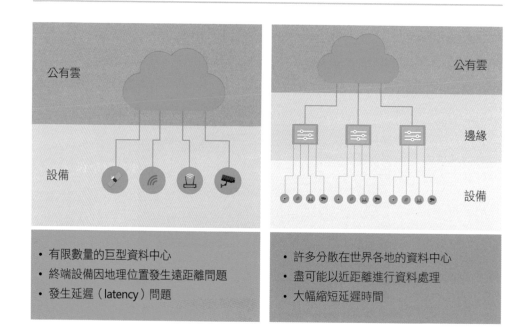

- 有限數量的巨型資料中心
- 終端設備因地理位置發生遠距離問題
- 發生延遲（latency）問題

- 許多分散在世界各地的資料中心
- 盡可能以近距離進行資料處理
- 大幅縮短延遲時間

● 雲端的三大問題

雲端的三大問題是超載引起的系統故障與延遲回應、個人資訊保護、累積資安風險。數以萬計的終端設備為了存取資料提供服務，必須與雲端連線，若同時湧向公有雲（public cloud）業者（亞馬遜、微軟等）的主伺服器，資料超過系統負荷量，伺服器就會因為超載發生系統上的問題。以人工智慧為基礎的服務若因為系統問題斷線導致無法使用，應該要追究法律責任。

雲端的三大問題

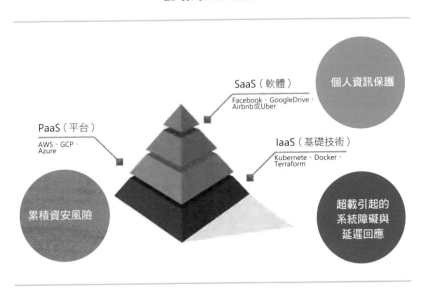

SaaS（軟體）
Facebook、GoogleDrive、Airbnb或Uber

個人資訊保護

PaaS（平台）
AWS、GCP、Azure

IaaS（基礎技術）
Kubernete、Docker、Terraform

累積資安風險

超載引起的系統障礙與延遲回應

　　自駕車雖然很方便，但是將車上乘客的狀態詳細傳輸到公有雲做為資料留存，有侵害個人資料的疑慮。在行駛的車輛中若乘客發生危急情況，必須把握黃金時刻盡快急救，但仍必須保護其他個人資料。此外，以公有雲提供的人工智慧服務若遭受駭客攻擊，後續影響層面難以想像。

● **行動邊緣運算的基本結構**

　　邊緣（edge）是指直接產生資料的終端設備，或與終端設備位置接近的各種設備（device），智慧型手機、自駕車、擴增實境（AR）、虛擬實境（VR）裝置等都包含在內。邊緣運算（edge computing）不是將所有資料儲存、分析、處理功能全部傳送到雲端，再重新下載一次結果，而是讓處在

邊緣位置的設備能與最近的運算系統連線作業。

MEC看似複雜，以下利用簡單的方式說明。MEC的網路必須盡可能與終端設備接近，而且為了確保大量資料傳輸也不會發生嚴重問題，設置地點必須比雲端接近終端使用者（end user）。

擴大 AI 必要的結構轉換：MEC

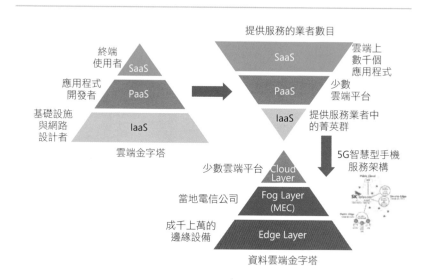

為了實現IoT設備、自駕車、機器人、智慧型手機等邊緣設備持續增加的萬物聯網（IoE，Internet of Everything）世界，
必須設法連結社會基礎設施與網路設計者（network designer），
才能減少①系統故障及延遲回應、②個人資訊保護、③累積資安風險

↓

結合雲端業者與當地的電信公司，
讓邊緣設備可順利運作的系統就是MEC

一般傳輸方式與採用MEC的比較

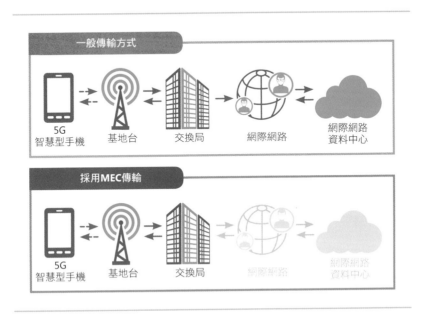

一般傳輸方式

5G
智慧型手機　　基地台　　交換局　　網際網路　　網際網路
資料中心

採用**MEC**傳輸

5G
智慧型手機　　基地台　　交換局　　網際網路　　網際網路
資料中心

　　MEC在第四次工業革命重要的理由是RPA，亦即MEC在機器人流程自動化（RPA，Robotic Process Automation，以人工智慧為基礎的自動化）中扮演最重要的角色。第四次工業革命的特徵是「超連結、超智慧、超融合」，意味由人工智慧、物聯網、機器人、無人機、自駕車、虛擬實境等技術主導新一代工業革命。為了讓成千上萬的邊緣設備能順利運作，必須先建置相關基礎設施。

　　特別是在智慧製造、自動駕駛與物流服務等在第四次工業革命提高生產力的核心領域，必須讓物聯網裝置連線，才能以更細膩的方式運作。加上物

對「邊緣」設置地點的問卷調查結果

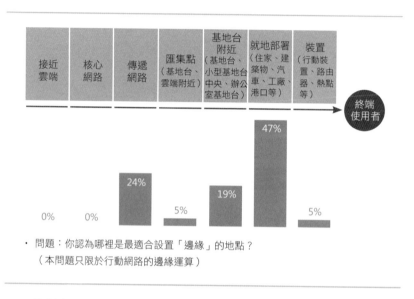

· 問題：你認為哪裡是最適合設置「邊緣」的地點？
　（本問題只限於行動網路的邊緣運算）

資料來源：GSMA Intelligence Edge Computing in China Survey 2019

聯網裝置的數量快速增加，欲確保這些裝置都能順利連線，MEC的重要性更不言可喻。

在4G網路中，物聯網裝置的連線受限，隨著資料量增加，傳輸速度變慢。在固定場所雖然可利用Wi-Fi連線解決大部分資料處理問題，但在必須移動使用時，就會受到限制。

MEC雖然被稱為行動邊緣運算，也可稱為多接取邊緣運算（multiaccess edge computing）。因為MEC對移動環境提供完美的系統支援，不論在何種場所，就算有許多裝置同時連線，也能提供不失敗的人工智慧服務。

中國推動邊緣運算的重要性評分

■ 非常重要　■ 重要　■ 其他　● 合計

資料來源：GSMA Intelligence Edge Computing in China Survey 2019

● 元宇宙躍升為零接觸時代的中心

　　未來的工作環境正逐漸改變。新冠肺炎帶來的巨變使生活方式朝零接觸的方向發展，正所謂在家的一切活動都變成經濟行為，宅經濟時代快速來臨。現在不論工作、教育、運動、居家健身、娛樂等，許多領域都與5G及MEC連線。在智慧城市（smart city）裡為了確保安全，人與人減少見面、避免與人接觸變得重要；物流與運輸服務也必須在傳達物件的最後一段路以零接觸的方式進行。

　　元宇宙（metaverse）來自科幻小說家尼爾・史蒂芬森（Neal Stephenson）撰寫的小說《潰雪》（*Snow Crash*），象徵虛擬化身（avatar）與

軟體代理程式（software agent）共存的3D空間，是比虛擬實境又更前衛的概念，也與虛擬化身相互交流的3D虛擬世界通用。由於5G通訊基礎建設、雲端、MEC等技術發展，現在可利用電腦繪圖建立更有趣的元宇宙世界。

　　Unity Software堪稱代表元宇宙領域的企業，開發出可用在電子遊戲（video game）的遊戲引擎Unity。有過半數的手機遊戲（mobile game）、三〇至四〇％遊戲機遊戲（console game）如Xbox、PlayStation等、三分之一的電腦遊戲（PC game），都是利用Unity開發出的產物。

不與外部接觸卻又不與世界脫節的新方法，「元宇宙」。

　　由於遊戲影像的細膩程度提升，逐漸與真實難以區分，因此也可運用在現實生活中的任務處理。亦即如果元宇宙的基礎設施完善，將可呈現以建築、工程、建設、汽車、運輸、自駕車、雲端為基礎的各種模擬（simulation）。

● 美國的生產力革命將從基礎設施與工作流程的改變開始

　　美國為了克服晶圓製造的劣勢，將提供規模龐大的稅制優惠及補助金。不過扶植晶圓代工產業只是美國鞏固第四次工業革命時代霸權的第一步。美國為了提高先進產業的生產力，將連結5G、6G基礎設施與MEC，在智慧製造與RPA領域實施強力支持政策。未來美國企業將會在全世界多變的工作環境裡，積極應用以雲端為基礎的元宇宙處理任務。

橫跨全世界的合作方式

Omniverse的應用範例

即時虛擬合作

用模擬做真實設計

模擬環境

未來工廠

輝達的Omniverse是專為虛擬合作與現實中即時模擬建立的開放平台。目前可渲染此為對岸用語，可用演繹取代（rendering）的客製化領域有：①建築、②工程與施工、③自駕車、④媒體與娛樂、⑤機器人。

資料來源：輝達，SK證券

第 8 章

半導體競爭的未來

迎接巨變的半導體產業

● 由汽車、雲端、人工智慧帶動的強勁需求

　　造成晶片短缺的需求面原因主要有二：汽車產業（mobility）革命使晶片需求激增、以雲端雲基礎的人工智慧時代來臨。二〇二〇年九月特斯拉執行長伊隆·馬斯克在「電池日」（Battery Day）活動中預告，二〇二三年特斯拉將推出價格僅二萬五千美元的電動車。

　　未來用二萬五千美元就能買到具自動駕駛功能的新車，電動車的市占率可望大幅提升，而自動駕駛功能持續精進，也會變成所有汽車業者必須積極追趕、發展的重要課題。尤其自動駕駛功能非常受到市場歡迎，消費者也非常喜愛，短期內車用晶片的需求增加幅度將大於再生電池（rechargeable battery）。

　　美國通用汽車（General Motors）宣布二〇二五年以前將對電動車與自駕車投資二百七十億美元，並且介紹自主研發的「Super CruiseTM 超級智能駕駛系統」、垂直起降的單人座無人機（drone）、個人自駕概念車「Halo Portfolio」、用於建立電動車物流平台的電動物流推車「EP1」、電動載貨廂型車「EV600」等，多種創新車款與未來式交通工具。

　　德國福斯汽車（Volkswagen）將二〇三〇年美國與歐洲的電動車市占率目標分別訂為五〇％、七〇％，宣布二〇二五年以前推出接近於 Level 4 完全自動駕駛水準的車款。此外，福斯汽車將利用微軟的雲端技術，縮短自駕車技術的研發時間，開發以雲端為基礎的顧客服務。

　　汽車業者若無法像特斯拉一樣收集資料，勢必得採用各種高效能感測器，搭配電腦運算技術，處理感測器收集到的資料，才能提升自動駕駛功能。預估先進駕駛輔助系統（ADAS，Advanced Driver Assistance Systems）的技術水準將會提升，生產電動車與環保車輛的晶片與晶圓代工需求也將增加，這個現象會持續到二〇二五年。

2016年福斯汽車公布的發展策略「Transform 2025+」

資料來源：福斯汽車

● 力道強勁的設備投資時程拉長

在半導體產業最具獨占力的業者莫過於荷蘭的艾司摩爾（ASML），專門生產曝光設備。晶圓業者就算欲採取攻擊性投資，也必須配合艾司摩爾的曝光設備產能與生產時程，才能擬定投資計畫。艾司摩爾在半導體產業的市場獨占力將最穩定與長期持續。

目前市場上CPU、GPU、AP等高規格產品，都是利用艾司摩爾的光刻機台生產。該設備不但不容易製造，要用在半導體製程也不簡單，所以雖然七奈米以下的晶片需求快速增加，能以這種機台生產的業者只有台積電與三星電子。預估高階產品的晶圓代工產能缺口，還需要一段相當長的時間才能填補。

成熟製程晶圓代工主要用來生產控制器（controller）與中階晶片，供不應求的問題短期內同樣難以解決。聯電與美國格羅方德（Global Foundries）等業者先前沒有多餘能力可進行投資，不過現在美國為了發展半導體產業大動作實施獎勵政策，格羅方德應可擺脫營運困難，甚至運用美國政府的支持，在那斯達克（Nasdaq）證券交易所以不錯的條件進行首次公開募股（IPO）（編按：二〇二一年十月二十八日，格羅方德正式上市）。

製造各種電子感測器與中低價位晶片的八吋晶圓代工業者，先前的投資方式是購買中古設備，不過二〇二〇年中古設備需求激增，二〇二一年起連中古設備都變得不易取得。這讓原本顧慮設備折舊問題，盡量避免採購全新設備的八吋晶圓代工業者，後續作法可能改變。八吋晶圓是中國的強項，美國尚未對此進行制裁，後續美國會向中國業者採購八吋晶圓製造出的低價

僅台積電與三星電子可進行的七奈米以下晶圓代工生產

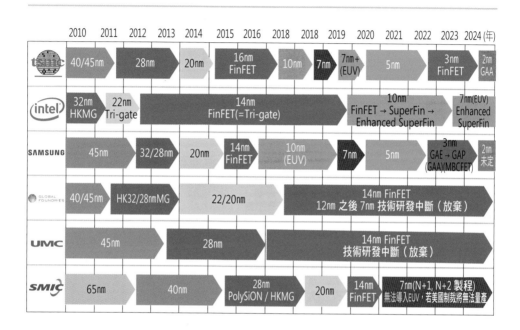

	2010	2011	2012	2013	2014	2015	2016	2018	2018	2019	2020	2021	2022	2023	2024 (年)
台積電	40/45nm	28nm		20nm		16nm FinFET		10nm	7nm	7nm+ (EUV)	5nm			3nm FinFET	2nm GAA
intel	32nm HKMG	22nm Tri-gate	14nm FinFET(=Tri-gate)								10nm FinFET → SuperFin → Enhanced SuperFin			7nm(EUV) Enhanced SuperFin	
SAMSUNG	45nm	32/28nm		20nm	14nm FinFET		10nm (EUV)		7nm		5nm		3nm GAE → GAP (GAA)(MBCFET)	2nm 未定	
GLOBAL FOUNDRIES	40/45nm	HK32/28nmMG		22/20nm			14nm FinFET 12nm 之後 7nm 技術研發中斷（放棄）								
UMC	45nm		28nm				14nm FinFET 技術研發中斷（放棄）								
SMIC	65nm		40nm			28nm PolySiON / HKMG		20nm		14nm FinFET	7nm(N+1, N+2 製程) 無法導入EUV，若美國制裁將無法量產				

資料來源：SK證券

位零組件，或者制定中長期需求對策，由美國境內的十二吋晶圓代工生產取得，這部分值得關注。

● 二○二六年底前新的先進製程晶圓代工廠將往美國聚集

若以美國立場、從冷戰時代的角度來看，絕對不能讓中國擁有世界級的晶片設計與晶圓代工企業，中國只能單純生產廉價的零組件。因此美國祭出前所未有的大規模支持政策，吸引台積電與三星電子到美國設廠從事先進製

程生產，對英特爾也將提供協助，找回以往的晶片製造競爭力。

　　台積電與三星電子雖然也會各自在台灣、韓國同時投資新廠房，不過兩家業者的主要客戶聚集在北美地區，加上美國繼半導體之後，接下來也會啟動中期策略發展先進製造業，因此台積電與三星電子還是必須對美國增加投資。此外，美國的獎勵政策可能還會加碼，後續仍有可能阻擋極紫外光（EUV）微影系統曝光設備進入中國（編按：二〇二一年荷蘭艾司摩爾在美國政府施壓下，拒發外銷大陸的出口許可證）。

　　若美國確定不讓中國有機會接觸EUV光刻機，屆時已在中國設廠的韓國業者就得一一提出申請，才能引進EUV光刻機進行生產。

　　未來二至三年後，EUV製程可望擴大應用在生產DRAM記憶體晶片，因此SK海力士必須提前研擬對策，才能確保在中國的記憶體晶片生產無虞。

最先準備好 5G + MEC 的中國沒落

　　全世界最早也最積極準備5G與MEC的國家是中國，華為則是中國通訊設備領域的龍頭業者，擁有市場主導權，產品具有高性價比。華為曾意圖結合子公司海思半導體設計的晶片，推出5G + MEC解決方案，在智慧城市與智慧製造的解決方案也最先著手發展。

　　假如中國在5G與MEC領域取得領先，接著在與人工智慧有關的服務及導入RPA（機器人流程自動化）的智慧製造領域也可能領先，制定產業標準（industrial standards）時也可站在有利位置。中國的MEC導入可能比包含美國在內的競爭國家早大約兩年。

世界頂尖的華為與海思半導體的 5G ＋ MEC 技術

資料來源：Dcpost，Edge computing consortium

先前美國的晶片製造競爭力下降，在5G的競爭中也大幅落後中國，若情況不能改善，二○二七年不只GDP會被中國超越，在未來具有成長潛力的領域，主導權也將拱手讓給中國。因此美國大動作針對二○一八年以來中國的半導體崛起、5G、MEC、人工智慧導入及發展政策加以分析，最後成功阻止中國繼續向前邁進。

不過光是綁住中國還不夠，現在美國已經進入第二階段，同時推動取得半導體產業的主導權與扶植高科技產業。

曾領先競爭國家兩年的中國邊緣運算導入策略

	第一波	第二波	第三波
	嘗試與訂製小規模部署	良率上升	主流
中國	2018~2020年	2021~2023年	2024年以後
全球頂尖國家	2020~2022年	2023~2025年	2023~2025年

若在中國領先的5G＋電信業者的雲端＋MEC策略落後中國，後續在人工智慧、自動駕駛相關服務及智慧製造領域也會追不上中國。

資料來源：GSMA，SK證券

華為與海思半導體被排擠，成為全球企業併購的導火線

中國雖然認為自己可以席捲全球市場，但美國的制裁行動粉碎了中國的美夢，不用說華為，連海思半導體也陷入退出市場的危機。原本最被看好、最有發展潛力的競爭者突然在市場上消失，讓美國半導體業者獲得新的機會。

最先採取行動的是高通，發表每瓦特可達到最高水準人工智慧推論（AI inferencing）的「Cloud AI 100」處理器系列。高通認為Edge Box解決方案在5G與人工智慧帶動的邊緣運算革命可成為新的商機。

　　不只高通，全球半導體業者也都關注5G與MEC的結合。高通進軍人工智慧平台，代表輝達出現勁敵。因為輝達原先認為可拿下華為Atlas系列平台退出的市場空缺，高通卻在此時推出新產品強勢登場。

　　像高通這樣採用安謀架構的人工智慧加速器（AI accelerator），主打功耗表現優於輝達，促使輝達決定併購安謀。雖然安謀與華為的合作關係已經結束，但中國不至於對輝達併購安謀一事袖手旁觀，業界也持續傳出反對輝達與安謀合併（編按：二〇二二年二月七日，輝達收購安謀案破局，原因出在美國、英國和歐盟的監管機構對這樁收購案可能影響到全球半導體產業競爭懷有嚴重疑慮）。

高通Cloud AI 100加速器標榜效能優於業界其他產品

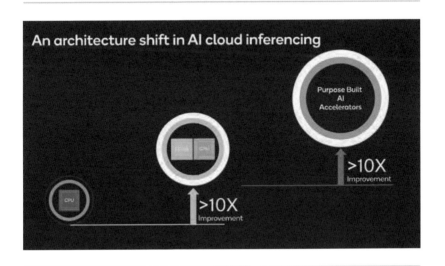

資料來源：高通，SK證券

　　賽靈思（Xilinx）在FPGA（現場可程式化邏輯陣列）晶片市場具有領先的競爭力，無法選擇安謀的超微轉而併購賽靈思，在雲端的人工智慧推論市場強化競爭力。結果擁有GPU設計能力的高通、輝達、超微紛紛跳入5G＋MEC市場。

　　這種變化在英特爾也能看見。英特爾因為先進製程的問題造成產品競爭力下降，在CPU市場的占有率也出現衰退，對雲端與人工智慧市場的變化只能袖手旁觀。因此，英特爾決定：①暫時將缺乏競爭力的晶片製造委託台積電代工、②將設備投資成本較高的快閃記憶體（NAND Flash）事業部賣給SK海力士、③睽違二十三年發表新的外接式繪圖卡重返GPU市場。

　　英特爾明確表示，對SK海力士出售快閃記憶體事業部獲得的資金，將

高通Cloud AI 100 PCle標榜功耗與效能優於業界其他產品

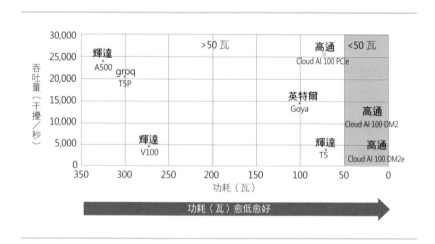

資料來源：高通，SK證券

全球企業併購與策略合作趨勢

邊緣運算的AI加速器從原本的X86架構CPU，朝向以GPU
為基礎的方向發展，有利於多接取邊緣運算。

① 高通在安謀架構的CPU核心放入自主GPU，推出Cloud AI 100軟／硬體
加速器。

② 輝達準備併購安謀，推出結合自主GPU的產品（編按：最終破局）。

③ 超微將自主GPU與賽靈思的FPGA整合，讓解決方案更多樣化。

④ 英特爾因製程競爭力衰退，將晶片製造委託台積電代工，並且出售SSD
（固態硬碟）事業，盡可能減少設備投資，利用創新提高產品競爭力
（SK海力士期待將來在自動駕駛領域及MEC領域，對英特爾供應企業級
SSD、DRAM、CIS、功率元件等）。

⑤ 三星電子與超微在GPU進行合作，彌補自身弱點，集中研發神經網路處
理器（NPU，neural processing unit）。

優先投入人工智慧、5G網路、智慧邊緣（intelligent edge）與自動駕駛技術等，長期應優先發展的必要領域。回顧二〇二〇年科技巨擘在全球企業併購成交的案例，都在為實現最理想的人工智慧預作準備。

還有更令人驚訝的一點，英特爾的執行長由派特・基辛格接任。基辛格曾任主導網路虛擬化領域全球市場的VMware執行長，也曾經是英特爾黃金時期的主要成員。在新任執行長的管理之下，英特爾最關注的部分也是透過「5G＋電信公司的雲端＋建立MEC及運用基礎設施」，進入雲端的人工智慧推論市場。

SK海力士併購英特爾快閃記憶體事業部新聞網頁

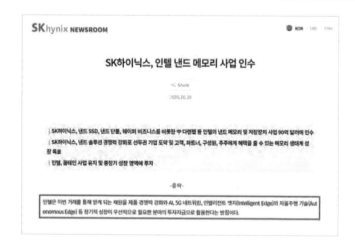

資料來源：SK海力士

英特爾新任執行長派特・基辛格

期望擁有完整生態圈的美國

美國將中國引以為傲的華為與海思半導體逐出全球市場後，獲得的成果值得關注。華為曾期待登上全球智慧型手機市場銷售量冠軍，但現在蘋果的智慧型手機銷售量更高。華為也曾希望在通訊設備市場穩坐龍頭寶座，但目前在美國與歐盟國家等市場的地位快速滑落。特別是包含AP在內的晶片設計領域，中國的競爭力明顯衰退，在取得結合5G＋MEC的未來產業主導權策略上，也面臨著根本性的威脅。

美國在晶片設計領域有所斬獲之後，目前也成功阻止中國在晶圓代工市場取得競爭力。中芯國際曾是中國晶圓代工的希望，但中芯國際無法向艾司摩爾買到EUV光刻機，因此無法進入生產高效能晶片的先進製程晶圓代工市場。中國擁有競爭力的順序是「晶片設計＞晶圓代工＞半導體設備」，現在美國針對中國實施強硬制裁，全力防堵中國發展晶片設計、製造高效能晶片及進口高效能機台。

美國為了讓自家半導體業者在CPU、GPU、AP、FPGA等所有半導體領域拿下全球市場而廣開大門，連原本最令人憂心的製造競爭力提升也積極提供支持。為了讓英特爾獲得充分的財務支持，從設計到製造，皆著手修訂法令，甚至為了預防中國侵略台灣的風險，也積極對台積電與三星電子釋出善意，吸引兩家業者前往美國設廠。預估美國在半導體委外封裝測試的領域也會對相關業者招手，在美國建立完整的半導體產業生態圈。

美國半導體研發的總金額高，但政府對研發的貢獻度低，從事半導體研發的企業經濟負擔較大。不僅如此，美國在設備投資成本高的製造領域較為薄弱，尤其在同時需要設備投資與人事費的組裝、封裝與測試絕對脆弱，因此美國若要以晶片製造崛起，必須：①提高半導體研發預算、②對業者在美國設廠提供補助及有系統的政策支持、③制定扶植半導體後段製程競爭力的積極政策。

贏家俱樂部

新冠肺炎疫情對產業結構帶來根本性的改變，加上美國與中國欲將全球價值鏈內在化（internalization）所引起的去全球化，中期恐怕難以有太大改變。這種趨勢若延續下去，中國的半導體業者很難再以全球競爭者的姿態壯大。反觀美國，為了將全球半導體供應鏈吸引到境內，預估會傾注全力施展支持政策。

● 在美國境內擁有生產設施的企業

若考慮目前晶片短缺對產業可能造成的影響，美國極可能建立生產涵蓋所有價位晶片的半導體供應鏈。目前在美國境內擁有八吋與十二吋晶圓廠的美國業者有英特爾、格羅方德、恩智浦半導體（NXP Semiconductor）、德州儀器（Texas Instruments）、高塔半導體（Tower Semiconductor）、安森美半導體（ON Semiconductor）等（編按：英特爾二〇二二年二月十五日宣布以五十四億美元收購高塔半導體）。

擁有8吋與12吋晶圓廠的主要美國企業

公司名稱	地點	晶圓	製程與產品
安森美半導體	賓夕法尼亞州山頂城	8吋	350~1,000 nm/MOSFET
	緬因州南波特蘭	8吋	180~1500 nm/Analog CMOS, BCDMOS, Bipolar, SiC EPI
	愛達荷州波卡特洛	8吋	350~1,500 nm/Analog CMOS, BCD, Advanced Discrete, and Custom
	愛達荷州南帕市	8吋/12吋	Color Filter Array and Micro lens (for CMOS)
	俄勒岡州格雷沙姆	8吋	110~500 nm/Digital and Analog CMOS, BCD, EEPROM, Trench PowerFET's
格羅方德	紐約州東菲什基爾	12吋	14 nm, 22~90 nm/Foundry, RF SOI, SOI FinFET, SiGe, SiPh
	紐約州馬爾他	12吋	12, 14, 22, 28 nm/Foundry, High-K Metal Gate, SOI FinFET
	佛蒙特州埃塞克斯交界	8吋	90~350 nm/Foundry, SiGe, RF SOI
恩智浦半導體	德州奧斯汀	8吋	250 nm/MCU, MPU, power management devices, RF transceivers, amplifiers, sensors
	德州奧斯汀	8吋	90 nm/MCU, MPU, power management devices, RF transceivers, amplifiers, sensors
	亞利桑那州錢德勒	8吋	180 nm/MCU, MPU, power management devices, RF transceivers, amplifiers, sensors
德州儀器	緬因州南波特蘭	8吋	180, 250, 350 nm
	德州達拉斯	8吋	180 nm
	德州達拉斯	6吋/8吋	500~1,000 nm
	德州理查森	12吋	180, 130 nm
	德州達拉斯	12吋	45 nm, 65~130 nm
高塔半導體	德州聖安東尼奧	8吋	180 nm/Power, RF Analog
英特爾	俄勒岡州希爾斯伯勒	12吋	7 nm, 10 nm, 14 nm, 22 nm
	亞利桑那州錢德勒	12吋	7 nm, 10 nm, 14 nm, 22 nm
	新墨西哥州里約蘭喬	12吋	32 nm, 45 nm

資料來源：各公司，SK證券

● 強化英特爾的製造能量與美國晶片製造崛起的交會點

　　美國晶片製造崛起的核心是確保製造能量，若要提高美國的晶片製造能量，必須①吸引台積電與三星電子這種國外企業到美國興建採用先進製程的工廠，或者②由美國企業自主研發先進製程，在美國境內設廠。

　　美國將對台積電與三星電子提供獎勵措施，鼓勵兩家業者在美國設廠，並且導入先進製程，但從國家安全的角度來看，設法提高英特爾的製造能量還是比較迫切。英特爾目前是美國晶片製造的領先業者，英特爾除了獲得政府的建廠補助，也將獲得美國國防部的強力支持。

　　雖然英特爾不見得能迅速開發出採用EUV製程的晶片製造技術，但就美國政府的立場，還是無法放棄英特爾。萬一英特爾不能如美國政府的期待，恢復製造上的競爭力，英特爾將會利用台積電位在美國的工廠代工生產。

有能力長期從事先進製程晶圓代工的美國企業只有英特爾

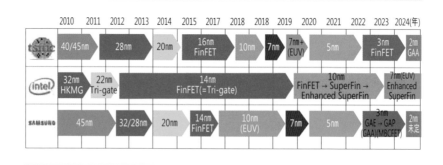

資料來源：SK證券

● 台積電與三星電子

　　台積電與三星電子在美國設廠，應該採用五奈米以下的先進製程。通常大規模設廠會對業者造成極大的設備投資負擔，但美國亟欲以晶片製造崛起，各項補助政策可助業者減輕負擔。台積電可因此①降低地緣政治上的風險，②避免近期因氣候變化造成的缺水問題，③不至於放棄獲得美國政府大規模補助的機會。二〇二一年四月台積電宣布千億美元投資計劃，預定「未來三年投資一千億美元」提高晶片產能。這應是台積電評估美國政府的租稅減免制度，在二〇二四年以前最多可獲得四〇％優惠所做的決定。

　　三星電子若利用美國的獎勵政策，則可有更多套劇本。目前先進製程晶圓代工市場由台積電與三星電子兩強瓜分，若英特爾在美國政府積極扶植之下成功恢復競爭力，市場就會變成三強鼎立。萬一三星電子未像台積電與英特爾積極利用美國的補助政策，或美國將晶片製造與國家安全掛鉤，強化原產地規範，三星電子可能陷入不利地位。假設美國阻止中國取得EUV光刻設備，三星電子就必須積極考慮在美國擴充晶圓代工產能。

　　三星電子也可能分割晶圓代工事業成為獨立子公司，讓晶圓代工子公司在美國那斯達克證券交易所上市，利用首次公開募股取得投資設廠的資金。未來三年內晶圓代工產業的價值應該都會獲得相當高的評價，全世界對碳化矽（SiC）等化合物半導體（compound semiconductor）的需求預估將會成長，三星電子也可能進軍化合物半導體領域。

● 全球半導體設備企業

由於未來半導體業者可能集中在美國進行投資，對總公司就在美國的應用材料公司（Applied Materials）、科林研發（Lam Research）等半導體設備業者而言，後續發展性看好。預估二〇二二年半導體業者應會對快閃記憶體增加投資，二〇二三年進入MEC晶片需求週期的景氣繁榮時期。由於二〇二四年是美國政府提供投資租稅抵減四〇％的最後一年，中期投資力道將是「晶圓代工＞快閃記憶體＞DRAM」。

不過所有半導體投資將以艾司摩爾為中心展開，因為晶圓業者若要興建十二吋晶圓廠，艾司摩爾的光刻機台絕不可少。預估未來零組件的價格會全面上升，線寬製程持續微縮，機台價格也會上漲，但新冠肺炎疫情逐漸趨緩，將可期待業者增加產線人力與產量。與EUV設備相關的供應鏈業者，

先進製程的核心價值鏈

分類	製程	7nm	5nm	3nm	廠商
空白光罩（光罩基質）	沉積				威科、應材
	檢測				科磊、雷泰光電
光罩成形	成形				NuFlare、JEOL、艾美斯
	蝕刻				應材
	清洗				艾美斯、應材
	檢測				科磊、漢微科、NuFlare、雷泰光電
	缺陷檢測				雷泰光電、蔡司
	修補				蔡司、RAVE、日立製作所
光罩分類	光罩護膜				艾司摩爾
	光罩盒				英特格、通富微電
光阻	光阻				JSR、信越化學、tok、Inpria

資料來源：艾司摩爾，SK證券

例如：科磊（KLA-Tencor）、日本的雷泰光電（Lasertec）等，未來發展性看好。東京威力科創（TEL，Tokyo Electron）雖然未列在上頁的供應鏈整理表上，但東京威力科創的設備在構成EUV製程也接近於市場獨占，預估也可受惠。

美國的晶片製造崛起表面上的目的是，二〇三〇年以前要將沒有經濟支持就會往中國聚集的晶圓廠留在美國。只要美國與中國彼此都希望建立自主且排他的半導體供應鏈，預期二〇三〇年以前有高額設備投資計劃的企業都會往美國投資。韓國的晶圓代工領域，營收比例高的企業有圓益艾伯斯（Wonik IPS）、比思科（PSK）等。

● 半導體零組件與材料

美國的半導體零組件與材料企業有陶氏公司（Dow）、杜邦（Du-Pont）、空氣產品公司（Air Products & Chemicals）、液空（Air Liquide）等，都是銷售遍及全球的化學與材料業者。日本JSR已經在美國投資EUV光阻液（photoresist）的生產設施，後續在新世代光阻液市場大有可為的Inpria也是美國企業（編按：二〇二一年九月十七日，JSR加碼買進美國半導體材料廠商Inpria公司的七九％股份。再加上JSR在之前取得的二一％股份，Inpria成為JSR全資子公司）。

若三星電子在美國增加投資，對原本就與三星電子長期合作、已經在美國設廠或有意進軍美國的韓國企業也會是發展機會，例如：Soulbrain與ENF Technology已經在美國有據點、SK Materials具有投資潛力。這些公司的投資策略都值得留意。

● OSAT 與相關設備市場

由於製造晶片的晶圓代工產業重要性增加，晶片封裝、測試等後段製程的重要性也跟著提升。美國欲成為晶圓代工的產業重地，不惜祭出比中國力道更強的發展政策，艾克爾（Amkor）等負責封裝與測試的後段製程業者未來發展性也相當看好。此外，由於五奈米以下的先進製程生產將會增加，彈簧針連接器（pogo pin）、原子力顯微鏡（AFM，Atomic Force Microscope）領域的需求將會成長，後段製程普遍使用的雷射雕刻機（laser marker）、鑽孔機（driller）等設備業者的業績同樣成長可期。

● 化合物半導體時代腳步近

化合物半導體是由週期表兩個以上不同族的化學元素構成。依照應用材料公司的資料顯示，化合物半導體有直接能隙（direct bandgap）、高絕緣崩潰電場（breakdown field）、高電子遷移率（electron mobility）等，優於矽的材料特性，可實現光子（photon）、高速、高效能元件技術。化合物半導體內部的電子比在矽基半導體移動快，最多比目前快上一百倍。

化合物半導體在低電壓也能運作，可發光與偵測，還可產生超高頻（ultra high frequency），具有磁力敏感度與熱阻（thermal resistance）。基於這些材料特性，化合物半導體用在資料儲存、傳輸、偵測等用途時，能源消耗遠低於既有的半導體材料，滿足5G、物聯網、電動車等領域重視的材料條件。

Si、4H-SiC、GaN 物性比較

特性（單位）	矽 （Si）	4H 型碳化矽 （4H-SiC）	氮化鎵 （GaN）
能隙（eV）	1.12	3.26	3.5
電子遷移率（cm²/V·S）	1,400	900	1,250
熱傳導性（W/cm·K）	1.5	4.9	1.3
絕緣崩潰電場（MV/cm）	0.3	3	3.3

資料來源：SK 證券

SK 集團（SK Group）應是樂見美國發展全球供應鏈內在化的韓國企業。雖然化合物半導體是韓國競爭力較薄弱的領域，但 SK 集團的子公司 SK Siltron 併購了杜邦的碳化矽晶圓事業部（Silicon Carbide Wafer）。化合物半導體雖然不易製造成大尺寸晶圓，主要生產四吋與六吋晶圓，但美國業者科銳（Cree）量產的八吋晶圓獲得業界高度評價。若 SK Siltron 也能成功量產八吋晶圓，在化合物半導體市場的地位將大幅提升（編按：台灣相關企業請參見附錄〈台灣第三代半導體供應鏈與相關個股〉，205 頁）。

第 9 章

新時代、新角色

大政府時代的復活

傳統經濟學者認為，政府必須在大部分市場與產業活動介入最少，才是一個好的產業政策。但第二次世界大戰之後，經濟快速成長的國家卻是依賴政府主導的產業發展政策。

我們在日常生活使用的網際網路，最早來自一九六〇至一九七〇年代，美國國防部旗下國防高等研究計劃署的研究網路。當時正值美蘇冷戰時期，美國國防部希望就算爆發核子戰爭，網路系統也必須維持運作，才開發出網際網路的前身。行車導航（navigation）裡經常使用的全球定位系統（GPS，Global Positioning System）、衛星通訊，甚至於計算人造衛星軌道的超級電腦，也都是政府主導研發的技術，後來才成為未來產業的核心技術。

川普政府時代推動的單向通商政策，雖然可在短期延後中國崛起，但對需要透過先進製造業轉型才能達成的美國經濟創新卻無能為力。因此美國政府將以主導姿態與民間通力合作，展現前所未有的產業創新。預估大規模投資基礎建設、以半導體為代表的先進零組件產業在地化、取得主導未來的核心技術競爭力、加強先進製造業的產品外銷、發展先進技術與國安技術創新等，將成為美國產業政策的核心。

美國的半導體產業發展政策雖然受中國半導體崛起影響甚深，但就支持規模與可取得的技術水準，美國遠遠凌駕在中國之上。不過二〇二一年中國達成「全面建設小康社會」的第一個百年夢想，習近平政權為了掌握二〇二二年起的下一個十年權力，勢必不會停止推動半導體崛起。若中國、歐盟、

韓國、日本都不願意在先進製造業退讓，全世界主要區域的政府角色勢必愈來愈強。新冠肺炎疫情之後，全球的貧富差距擴大，各國為了在第四次工業革命時代成為霸權，國與國之間的競爭也會日益激烈。

從美國產業結構看發展政策

美國欠缺十奈米以下使用 EUV 光刻機的先進製程晶圓代工，但在十到二十二奈米晶圓代工擁有四三％產能，二十八奈米以上的晶圓代工產能不到一〇％。因此美國應該同時擴充十奈米以下及二十八奈米以上的先進製程與成熟製程晶圓代工產能。美國在包含類比、光電及其他半導體元件的 DAO 領域產能約一九％，在全球半導體產能之中，美國所占的比率僅一三％。

擁有使用 EUV 光刻機的先進製程晶圓代工國家只有台灣（台積電）與韓國（三星電子）。因此美國除了協助自家的英特爾發展先進製程，同時也向台積電與三星電子釋出善意，以提供補助的方式吸引兩家業者到境內設廠。

英特爾在美國的政策之下，宣布二〇二四年以前將投資兩百億美元，在美國境內興建兩座晶圓廠。後續若順利取得先進製程，目前用來生產低價位 CPU 的二十二奈米製程將可用來晶圓代工。

格羅方德先前在爭取代工生產 CPU、GPU、AP 的接單並不順利，但後續發展依然值得期待。格羅方德是超微分割矽晶圓製造部門獨立而成的公司，原本無能力進行大規模投資，但系統半導體供貨量不足造成價格上漲，使格羅方德獲利增加，加上美國政府提供的大規模租稅減免、其他直接與間

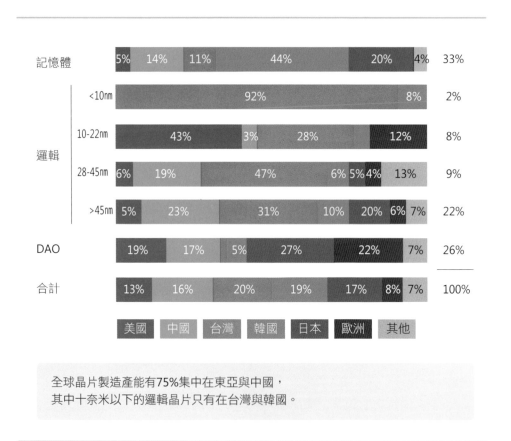

各國晶片製造產能分析（以2019年為基準）

	美國	中國	台灣	韓國	日本	歐洲	其他	
記憶體	5%	14%	11%	44%	20%	4%		33%
邏輯 <10nm			92%			8%		2%
邏輯 10-22nm		43%	3%	28%		12%		8%
邏輯 28-45nm	6%	19%	47%	6%	5%	4%	13%	9%
邏輯 >45nm	5%	23%	31%	10%	20%	6%	7%	22%
DAO	19%	17%	5%	27%	22%		7%	26%
合計	13%	16%	20%	19%	17%	8%	7%	100%

全球晶片製造產能有75%集中在東亞與中國，
其中十奈米以下的邏輯晶片只有在台灣與韓國。

資料來源：SIA，SK證券

接補助，格羅方德還利用推動在那斯達克證券交易所上市取得大規模資金，因此也能投資設廠（編按：已於二〇二一年十月上市）。格羅方德預計二〇二四年以前在美國境內建設新的晶圓廠。

　　美國希望自主擁有先進製程，或讓有能力研發先進製程的三大半導體業者將主力工廠設在美國。若台積電、三星電子與英特爾都在美國建設新廠，二〇二四年就會以美國為中心，形成系統半導體的產業生態圈。

　　在華為與海思半導體退出市場之際，若美國對清華紫光集團的紫光展銳也進行制裁，美國有機會一併主導晶片設計領域。雖然中國可反對美國的輝達與安謀合併，但中國發展晶片設計的併購策略全面受阻，設計出的產品也無法直接以最先進的製程製造、量產，中國要將晶片設計在全球市場當作主力產業發展的可能性低。

　　因此，美國可利用輝達、高通、超微、英特爾為主的本國企業，搭配盟友國家的半導體業者主導晶片設計領域，讓偏重在東亞的晶圓代工成為美國與盟友專屬，形成一個具有排他性的半導體生態圈。

美國對記憶體產業造成的影響

　　目前為止，美國的半導體產業育成方案只偏重在晶圓代工領域，若要擁有先進製造業，光靠系統半導體仍然不夠，因此美國極可能也會對記憶體領域提供大規模支持。

　　記憶體晶片占整體晶片市場約三三％，具有相當高的比率，然而美國的記憶體晶片產能僅占五％。二〇二一年三月美光宣布停止與英特爾合作，不再研發新世代記憶體技術3D Xpoint（編按：由英特爾和美光科技於二〇一五年七月所公布的非揮發性記憶體技術），並且求售仍在量產中的工廠。

　　對美光而言，可將3D Xpoint以外的其他記憶體事業對英特爾出售，

若英特爾無意接手，美光仍可在晶圓代工領域尋找其他買主。英特爾雖然退出桌上型電腦與筆記型電腦的3D Xpoint市場，但仍對企業級固態硬碟（Enterprise SSD）市場具有企圖心，因此由英特爾併購的可能性高。萬一英特爾不願出手，新世代產品的上市時間就可能延後。

美光雖然求售3D Xpoint製造廠，卻未發表在美國境內建廠的投資計劃，原因耐人尋味。日本為了成為美國將全球半導體供應鏈在地化的一部分，可能邀請美光到日本設廠，或者協助自家正面對營運困境的快閃記憶體業者鎧俠復興。但美光真正希望的應該是美國比照晶圓代工，也對記憶體產業提供支持、實行補助政策。

站在美光的立場，沒必要平白在國際關係上增加包袱，以高價併購營運每下愈況的鎧俠也是一種選擇，或者就算美國政府不提供補助，依然在美國境內增建工廠。美國政府為了吸引中國以外的所有業者到美國興建記憶體工廠或研發中心，有可能實施第二波獎勵政策，對記憶體產業提供類似晶圓代工的優惠待遇（編按：二〇二一年八月，儲存設備巨頭威騰公司曾與鎧俠進行合併洽談，收購價碼高達二百億美元，但迄二〇二二年第一季，收購計劃仍卡關）。

晶片短缺的終點與美國半導體崛起銜接

二〇二一年嚴重影響市場的晶片短缺，其實是典型的供需失衡，起因於產業結構改變與晶圓業者的設備投資不平均所造成。新冠肺炎疫情、特斯拉引發的電動車與自動駕駛競爭、以雲端為基礎的人工智慧加速發展、朝邊緣

運算時代轉型等，未來仍會持續帶動晶片需求。若要讓晶片供需重新恢復均衡，除了業者擴充生產設施別無他法。預估全球的晶片生產設施擴充，將因為美國提供高達四〇％的租稅減免，二〇二四年以前以美國為主進行。

美國可能對與中國半導體有關的企業施加新的制裁，進一步限制業者對中國出口先進製程的製造設備，例如：EUV光刻機。因此中國的半導體崛起必須完全以自主技術進行。但中國在半導體設備領域的技術水準不如美國的盟友國家，就算韓國設備業者到中國設廠，美國可能也會對最先進設備的流入設限。若中國提高對韓國企業的設廠補助，美國恐怕將以黑名單制度阻擋中國取得最先進機台。

到最後，晶片短缺的議題可能得持續到二〇二三至二〇二四年，美國已充分提高產能之際才有可能獲得解決。

找上投資人的龐大機會

全世界供需分配曾最有效率的半導體供應鏈正在進行重組，美國與中國的新冷戰時代來臨，晶片短缺的問題短時間內無法解決。因為就算現在中國收手、加入美國陣營，中國的世界霸權之夢已眾所皆知，一片天底下不可能同時升起兩個太陽。

美國的半導體發展策略欲建立一個新的、具有排他性的供應鏈，成功可能性高。美國目前的處境必須在短期內降低東亞風險，特別是台海危機，不惜放棄長久以來堅持的維持自由市場立場，破天荒實施補助政策。荷蘭（歐盟）、台灣、日本、韓國等美國傳統上的盟友國半導體業者，都將面對新的

市場環境。

若將投資眼光放在可因全球半導體產業改變而受惠的業者，調整對美股與韓國股市的投資比例，增加對有新晶片需求的企業投資，就能規劃出與第四次工業革命連結的漂亮投資組合。現在正是未來霸權結構相當明確的時刻。

真正的超級循環現在才開始

現在我們使用多少人工智慧服務？若與十年前相比，人工智慧的功能已經提升到超乎當時想像，但是如果再過十年又回顧現在，或許會感嘆：「原來還有這種時候……」認為現在的人工智慧水準非常低落。

知名的未來學家雷・庫茲威爾（Ray Kurzweil）在《奇點臨近》（*The Singularity Is Near: When Humans Transcend Biology*）一書中提到：「奇點是技術改變的速度非常快，而且影響深遠，讓人類生活無法回到過去的時候。」也說：「進化創造了人類，人類創造了技術，現在人類與漸進發展的技術同心協力，創造新世代技術。將來若進入奇點時代，人類與技術的區別將會消失。」

第四次工業革命即將成真，業界為了達到奇點持續向前邁進，這部分與先前提過的黑格爾質量互變原理有許多一致。第四次工業革命將以飛快速度進行，在人工智慧取代人類，或達到超越人類智慧的奇點水準之前都不會停歇。可奠定所有產業基礎的半導體產業，現在才真正要進入超級循環。

奇點時間表

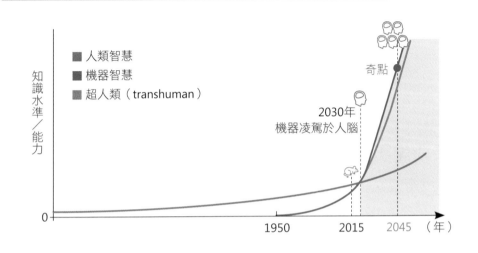

資料來源：IMF，SK證券

韓國圍棋棋士趙治勳九段曾說：「跟電腦下圍棋輸的時候，就是人類滅亡的時候。」理論物理學家史蒂芬・霍金（Stephen Hawking）曾說：「人工智慧可能導致人類滅亡。」不過我們不必抱持過度悲觀的想法，就像電影《鋼鐵人》（Iron Man）裡，開發出AI秘書賈維斯（Jarvis，Just A Rather Very Intelligent System，字面意思為「只是一個非常智能的系統」）的鋼鐵人，對人類很有貢獻，我們也可以在新時代裡扮演適當角色。

超越人類智慧的 AI 技術發展

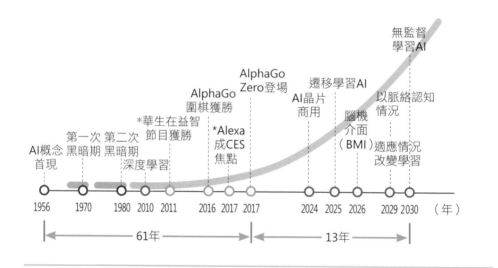

```
無監督
學習AI

AlphaGo
Zero登場        遷移學習AI
                              以脈絡認知
AlphaGo        AI晶片          情況
圍棋獲勝         商用    腦機
*華生在益智              介面
節目獲勝  *Alexa        (BMI) 適應情況
AI概念 第一次 第二次     成CES           改變學習
首現  黑暗期 黑暗期      焦點
         深度學習

1956  1970  1980 2010 2011  2016 2017 2017  2024 2025 2026  2029 2030  （年）

|←――――――― 61年 ―――――――→|←―― 13年 ――→|
```

資料來源：IMF，SK證券

*譯註：2011年IBM的超級電腦「華生」（Watson）在美國電視益智節目《危險邊緣》（*Jeopardy!*）擊敗兩位參賽者獲得優勝。

*譯註：消費性電子展（CES，Consumer Electronics Show）每年一月固定在美國拉斯維加斯舉行，是全球最受矚目的科技盛會，展出最新技術與創新產品。

電影《鋼鐵人》中，鋼鐵人開發出的AI秘書賈維斯。

韓國必須將危機化為轉機

美國不再依賴市場自由競爭，改以大規模租稅減免與提供補助，欲重建全球半導體產業市場格局，主要原因在於，不改變產業結構就難以贏過中國。還有一項不容忽視的事實，美國政府的半導體研發投資也將增加到前所未有的水準。如同美國半導體產業協會提出的建議，美國必須增加半導體研發支出，才能確保國家安全，扶植其他相關產業。

從現在起，全世界各個地區的半導體研發競爭將愈來愈激烈，政府支出的效率也更加重要。但韓國的新生兒數量急遽減少，人口結構對長期發展恐怕造成不利影響。韓國業界雖然呼籲必須要有產學研合作，實際情況也差強人意，在大學校園裡難以見到EUV設備蹤跡，政府的支持政策也比不上中國。

北京清華大學是中國的頂尖學府，二〇二一年四月宣布成立集成電路學院，將整合微電子、奈米電子、電子工程學系，期望透過半導體材料、元件、電路設計、研發架構，進行產學研合作，克服晶片荒的問題。北京清大擁有的半導體設備不輸長江儲存與中芯國際，中國政府也不吝提供支持，入學的學生應該也是中國的頂尖人才。

到頭來，半導體還是屬於人才至上的產業。韓國在記憶體、系統半導體、晶圓代工並非擁有壓倒性的技術能力，只要有一兩年的發展計劃出錯，就可能被競爭對手迎頭趕上。若韓國無法在半導體產業維持大幅領先，全球地緣政治的重要性將會降低。不僅如此，如果韓國政府的積極支持與企業的人才培育政策稍微落後競爭國家，在全球投資者的眼中也會失去魅力。唯有少數在半導體產業掌握成為贏家條件的國家，才有機會取得第四次工業革命的主導權，享受經濟繁榮的果實。

附錄

全球半導體產業附加價值創造結構（以2019年為基準）

* 備註：2019年記憶體市場景氣不佳，在半導體產業內附加價值大幅衰退。

全球半導體主要國家產能分布

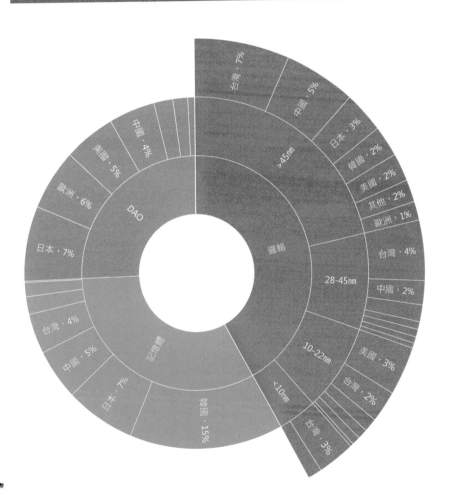

主要地區半導體產能（2020年）

美國

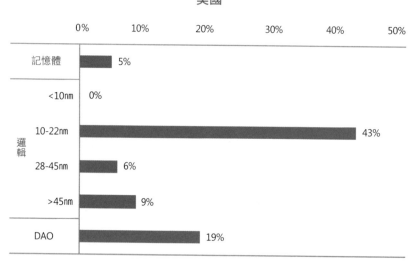

| | 0% | 10% | 20% | 30% | 40% | 50% |

- 記憶體 5%
- 邏輯
  - <10nm 0%
  - 10-22nm 43%
  - 28-45nm 6%
  - >45nm 9%
- DAO 19%

中國

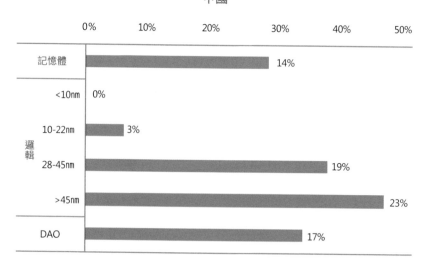

| | 0% | 10% | 20% | 30% | 40% | 50% |

- 記憶體 14%
- 邏輯
  - <10nm 0%
  - 10-22nm 3%
  - 28-45nm 19%
  - >45nm 23%
- DAO 17%

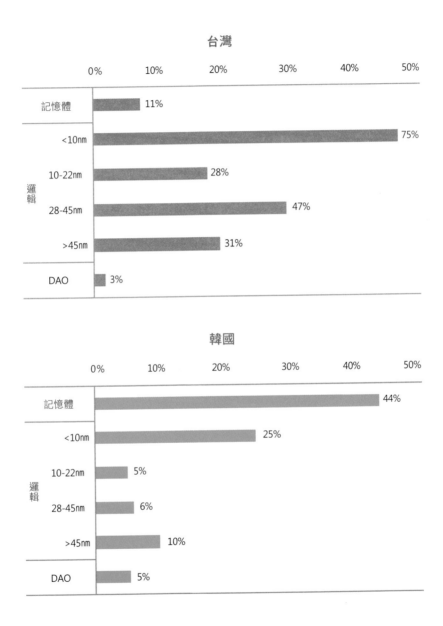

台灣

記憶體	11%
<10nm	75%
10-22nm	28%
28-45nm	47%
>45nm	31%
DAO	3%

韓國

記憶體	44%
<10nm	25%
10-22nm	5%
28-45nm	6%
>45nm	10%
DAO	5%

＊ 2019年台灣與韓國在十奈米製程的產能比例為92：8，2020年底變為75：25，
韓國的產能比例提升。

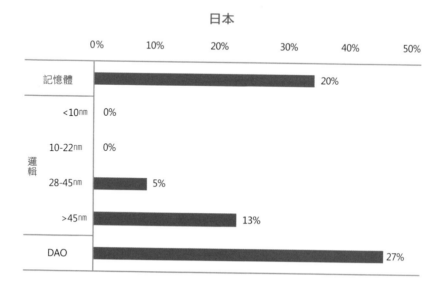

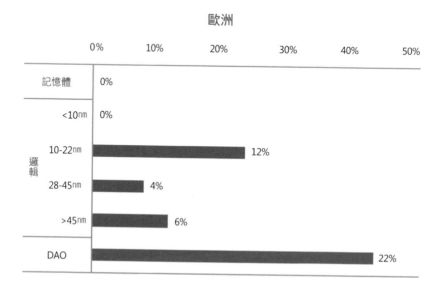

歐洲與日本半導體業者對美中貿易糾紛的應對

半導體	國家	公司名稱	產品項目	與美中糾紛有關的內容
無晶片（Chipless）	IP 英國	安謀	對晶片設計業者提供設計用 IP（矽智財）與其他半導體 IP	・美中糾紛的因應方式：暫停對美國制裁的對象銷售產品 ・主要議題：與輝達合併 ・關注焦點：與輝達合併的綜效、安謀中國（ARM China）議題 ・美中糾紛的影響：少部分 　1）海思半導體被納入制裁對象，導致公司營收減少，但主要客戶多為美國企業，應會遵守美國的規範。 　2）持續推動與輝達合併，若中國反對，合併案可能破局。雖然安謀持續對各國政府與企業進行遊說，目前反對陣營的勢力較強（編按：已破局）。 　3）安謀中國執行長吳雄昂不服撤職令，仍有經營權爭議；安謀中國僅負責銷售，較無技術外流疑慮，但仍影響整體營收。
IDM 系統半導體	瑞士	意法半導體（STMicro-electronics）	以車用晶片、功率元件為主力產品。在車用晶片市場爭奪前兩名／歐洲最大的半導體企業，多數工廠位在義大利與法國	・美中糾紛的因應方式：暫停對美國制裁的對象銷售產品 ・主要議題：車用晶片供給不足 ・關注焦點：車用晶片需求的因應方案、工廠增設 ・美中糾紛的影響：有限 　1）規範只約束受制裁的中國企業。 　2）車用晶片需求增加，彌補對中國銷售減少產生的影響。

半導體	國家	公司名稱	產品項目	與美中糾紛有關的內容
IDM 系統半導體	德國	英飛凌（Infineon）	功率、車用、安全晶片為主力產品。功率元件超過十年維持市場第一。在車用晶片市場與瑞薩電子及恩智浦爭奪前兩名。在德國（歐洲）、美國、亞洲擁有晶圓廠	3）車用晶片價格上漲，抵銷因對中國客戶銷售減少的業績萎縮。 4）多數工廠並未設在中國，若增設應會選在中國以外的地點。各家業者尚未宣布具體增設計劃（因美國半導體崛起的相關政策，在美設廠也是可能情境）。
	荷蘭	恩智浦	以車用、安全晶片為主力。與競爭對手的差異是沒有參戰功率元件市場。在車用晶片市場競爭前兩名。多數工廠位於美國，封裝在亞洲進行	
	日本	瑞薩電子（Renesas Electronics）	主力產品是車用晶片。受日本汽車產業強盛的影響，在車用晶片市場競爭前兩名。工廠大都位於日本	
記憶體	日本	鎧俠	快閃記憶體業者，工廠位於日本	・美中糾紛的因應方式：向美國提出申請，希望對制裁對象銷售產品。 ・主要議題：美中糾紛對華為實施制裁 ・關注焦點：重新對華為銷售產品，爭取新客戶，重新啟動IPO計劃 ・美中糾紛的影響：非常大 1）智慧型手機用快閃記憶體營收（40%）之中，有很大部分受影響。 2）找尋可取代華為營收貢獻的客戶不順利，目前鎖定中國第二大智慧型手機業者加強經營。

半導體		國家	公司名稱	產品項目	與美中糾紛有關的內容
設備	曝光	荷蘭	艾司摩爾	主要產品為各種曝光設備，獨占EUV光刻機市場	· 美中糾紛的因應方式：未特別回應 · 主要議題：在地化生產中國的材料與零組件 · 關注焦點：各公司有各自的議題 · 美中糾紛的影響： 1）業者多為材料、零組件、設備領域，尤其材料領域使用美國技術的程度低，從一開始就未因美國的制裁措施影響產品外銷。 2）中國雖然要求業者到國內設廠，但業者以「暫時沒有必要」回應。 3）高階產品的主要顧客在台灣與韓國。
	蝕刻	日本	東京威力科創	塗布機、顯影機、垂直式爐管、絕緣膜、蝕刻設備等	· 美中糾紛的因應方式：未特別回應 · 主要議題：在地化生產中國的材料與零組件 · 關注焦點：各公司有各自的議題
		日本	亞太國際電機（Kokusai Electric）	垂直式爐管、原子層沉積系統（ALD）	
		日本	日立先端科技（Hitachi High Tech）	閘極蝕刻	
	清洗	日本	斯庫林集團（Screen Holdings）	清洗設備	
	CMP	日本	荏原電產（Ebara）	化學機械研磨（CMP）設備	
	後段製程	日本	迪思科（Disco）	後段製程切割機	
	其他	日本	大福（Daifuku）	製程之間的搬運系統	

半導體		國家	公司名稱	產品項目	與美中糾紛有關的內容
材料	矽晶圓	日本	信越化學工業（Shin-Etsu Chemical）	矽晶圓市場市占率第一	
		日本	勝高（Sumco）	矽晶圓市場市占率第二（環球晶圓與德國世創電子合併前）	
	氣體	法國	空氣產品公司	半導體用特殊氣體（蝕刻、清洗、其他）	・美中糾紛的影響： 1）業者多為材料、零組件、設備領域，尤其材料領域使用美國技術的程度低，從一開始就未因美國的制裁措施影響產品外銷。 2）中國雖然要求業者到國內設廠，但業者以「暫時沒有必要」回應。 3）高階產品的主要顧客在台灣與韓國。
		德國	林德（Linde）	半導體用特殊氣體（蝕刻、清洗、其他）	
		日本	關東電化（Kanto Denka）	高純度蝕刻氣體	
	化學	日本	昭和電工（Showa Denko）	高純度蝕刻氣體、清洗氣體、化合物半導體化學材料等	
	光罩基底	日本	豪雅光學（Hoya）	半導體光罩基底市場占有率達七〇％，獨占EUV光罩基底市場	
		日本	成膜光電（Ulcoat）	光罩基底二階供應商，優貝克（Ulvac）的子公司	
	光罩	日本	大日本印刷（Dai Nippon Printing）	顯示器用精細金屬遮罩（FMM，fine metal shadow mask）	
		日本	凸版印刷（Toppan Printing）	顯示器用精細金屬遮罩	

● IDM（整合元件製造商）

- 由於生產半導體製造設備的應用材料公司、科林研發等業者都是美國企業，勢必得將中國客戶拒於門外。

- 雖然IDM業者對其他地區的營收依賴度明顯高於中國，在這場美中貿易戰與美國站在同一邊，但仍然會遭遇部分損失。

- 歐洲業者雖然和美國企業一樣提出外銷許可申請，但美國對歐洲業者的審查進度緩慢。

- IDM業者對華為的銷售成績雖然大幅減少，但因市場需求成長、車用晶片短缺引起價格上漲，因此業績表現依然穩健。

- 二○二○年第三季華為在主要類比半導體業者（IDM業者）的營收比率分別是：意法半導體四・七％、德州儀器三％、英飛凌二・九％、恩智浦二・六％、微晶片科技（Microchip）一・六％、瑞薩電子○・四％。業界以意法半導體對華為的銷售比例最高，雖然意法半導體針對暫停對華為出貨與匯率波動提出較保守的因應對策，二○二○年業績表現仍相對平穩。

- 相對於美中紛爭的議題，更令前述業者煩惱的是產線稼動率已接近一○○％，是否還能增產。

- 結論：是否應針對車用晶片需求擴增產能，才是業者關心的問題。中國受美國制裁影響半導體業者銷售的部分，可利用車用晶片需求增加來彌補。亦即，雖然二○二一年「華為」可能從半導體業者的主要客戶名單消失，但整體市場需求增加的效果，將可減少半導體業者無法對中國銷售的衝擊。

- 在建廠地點的選擇上，IDM業者原本就在美國、歐洲、日本設有工廠，就算沒有美中貿易紛爭，IDM業者也沒有理由一定要在中國設廠。
- 目前看來IDM業者面對美國制裁中國，並不打算特別採取行動，擬順其自然看待發展。

● 艾司摩爾

- 艾司摩爾的EUV光源向美國業者西盟採購，目前暫停與中芯國際等中國企業有生意往來。
- 艾司摩爾的營收主要來自韓國與台灣，實際上受美中貿易糾紛的影響有限。

● 其他材料、零組件與設備業者

- 艾司摩爾以外的大部分半導體材料、零組件與設備業者都各自擁有自主技術，美國技術介入的程度有限。
- 目前業者將產品外銷到中國尚未發生太大問題，頂多是零星影響。

● 結論

- 受美中貿易糾紛影響較大的業者，應是對中國營業比例較高的系統半導體業者與記憶體業者。
- 這些業者受影響的原因在於，製造過程大多使用美國業者供應的設備與材料。

- 相對來說，未特別使用美國方面的技術，本身擁有核心技術的材料與設備業者（主要為日本企業）受影響程度有限。
- 特別是日本與歐洲的半導體業者，以銷售高階設備與材料為主，對中國的營業比例偏低。
- 大多數歐洲與日本業者未受美中貿易糾紛太大影響，就算有受影響，程度也很輕微。
- 上表列出的業者之中，只有鎧俠（對華為的營收減少）與安謀（安謀中國與輝達的合併問題）直接受美中貿易糾紛影響。

台灣第三代半導體供應鏈與相關個股

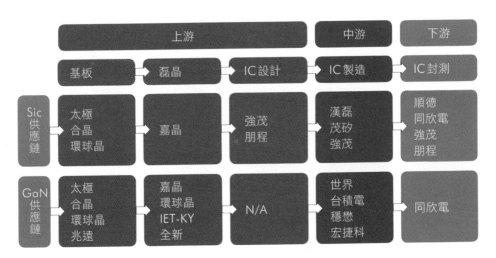

註：也有部分人士將基版或磊晶工序歸類在中游
資料來源：《Smart智富》〈第三代半導體投資全圖解〉，2021年11月，279期，95頁
（整理：陳君行）

半導體企業的價值

公司名稱			IDM				設備		
			意法半導體	英飛凌	恩智浦	瑞薩	艾司摩爾	東京威力科創	斯庫林集團
TICKER			STM IM	IFX GR	NXPI US	6723 JP	ASML NA	8035 JP	7735 JP
當地貨幣	收盤價	2021.5.14	29.19	31.72	192.27	1,184	528	46,410	9,760
百萬美元	市價總額	2021.5.14	32,283	50,268	53,019	18,754	268,829	66,686	4,531
Return (%)	股價走勢圖	2021.5.14~							
	1D	2021.5.13	1.0	3.0	3.1	3.7	3.0	4.8	5.2
	1W	2021.5.6	-3.0	0.3	-0.1	-3.3	-0.3	-4.8	-5.2
	1M	2021.4.13	-11.1	-10.5	-4.8	-6.6	0.4	-6.1	-11.5
	3M	2021.2.13	-17.4	-10.2	-1.1	-7.6	6.7	8.0	12.1
	6M	2020.11.13	0.8	20.4	31.3	26.8	49.7	49.6	62.9
	YTD	2021.1.4	-8.0	-0.3	18.7	9.6	30.0	22.4	27.6
	1Y	2020.5.13	28.1	83.8	106.7	104.1	92.7	104.0	77.5
Multiple (X)	PER	2019	23.4	21.4	129.1	n/a	43.0	17.4	37.3
		2020	30.3	92.6	40.0	40.7	45.0	30.0	29.9
		2021E	20.9	28.4	20.1	23.1	42.6	22.4	17.8
		2022E	18.4	24.1	18.2	17.8	35.6	19.7	14.7
	PBR	2019	3.4	2.4	3.8	2.1	8.0	3.8	1.1
		2020	4.0	3.5	5.0	3.0	11.9	7.1	2.2
		2021E	3.5	3.8	6.7	2.7	14.8	6.2	2.0
		2022E	3.0	3.5	6.2	2.3	13.0	5.4	1.8
	PSR	2019	2.5	2.4	4.0	1.8	9.4	2.9	0.6
		2020	3.3	3.6	5.2	2.6	11.9	5.2	1.4
		2021E	2.7	3.8	5.0	2.4	12.3	4.3	1.3
		2022E	2.5	3.4	4.7	2.2	10.9	4.0	1.2
	EV/ EBITDA	2019	11.3	8.7	15.3	11.4	30.8	10.6	10.1
		2020	14.6	19.8	13.5	11.1	31.5	10.6	12.7
		2021E	10.6	14.8	15.2	9.4	34.1	14.4	9.9
		2022E	9.2	12.8	13.6	8.0	29.0	12.6	8.1
Profitability （單位：億美元，%）	營收	2019	95.6	90.6	88.8	66	132	104	30
		2020	102.2	96.0	86.1	67	160	132	30
		2021E	121.2	132.9	105.4	76	217	148	34
		2022E	128.0	146.2	112.0	84	246	162	36
	營業利益	2019	12.1	13.1	6.8	2	31	22	1
		2020	13.3	6.6	4.2	7	49	30	2
		2021E	18.8	21.2	33.5	11	72	37	3
		2022E	21.2	25.6	36.7	14	84	43	4
	淨利	2019	10.4	10.3	2.8	0	29	17	1
		2020	11.2	4.7	0.5	5	42	23	2
		2021E	15.8	16.5	27.1	8	62	29	2
		2022E	17.9	20.2	27.0	11	74	33	3
	ROE	2019	15.5%	12.1%	2.8%	0.5%	20.3%	21.6%	4.2%
		2020	14.4%	4.7%	0.6%	7.8%	26.7%	26.6%	8.9%
		2021E	17.3%	12.0%	22.6%	13.8%	35.9%	30.4%	12.2%
		2022E	17.4%	13.7%	25.2%	13.8%	38.4%	29.9%	13.3%
	OPM	2019	13%	14%	8%	3%	23%	21%	4%
		2020	13%	7%	5%	10%	30%	23%	8%
		2021E	15%	16%	32%	14%	33%	25%	10%
		2022E	17%	17%	33%	16%	34%	26%	11%

矽晶圓		氣體			化學	光罩基底		光罩	
信越化學工業	勝高	空氣產品公司	林德	關東電化	昭和電工	豪雅光學	優貝克	凸版印刷	大日本印刷
4063 JP	3436 JP	APD US	LIN US	4047 JP	4004 JP	7741 JP	6728 JP	7911 JP	7912 JP
18,020	2,446	301.05	301.17	850	3,575.00	13,035	4,665	1,827	2,319
68,625	6,487	66,627	156,612	447	4,892	44,046	2,104	5,840	6,872
2.7	3.8	0.4	1.1	1.7	5.5	5.2	1.7	4.9	9.5
-3.2	-10.6	2.5	1.6	-3.2	5.9	-1.7	-6.5	-4.3	3.5
-5.2	-9.6	5.6	5.2	-7.5	7.0	-4.2	-7.3	-5.6	0.8
-1.4	0.7	15.5	19.2	-0.1	34.6	-0.2	-9.9	16.3	19.5
18.3	48.2	14.1	17.2	17.4	85.8	2.9	10.7	26.6	16.8
1.0	8.8	12.2	16.4	7.5	62.3	-10.1	6.5	28.1	27.5
50.4	44.5	33.3	68.5	-8.3	51.2	30.0	58.8	20.0	6.6
14.2	16.2	27.0	29.0	8.9	5.8	30.3	9.0	6.3	9.8
26.3	25.9	35.3	32.0	14.3	n/a	38.7	14.2	7.9	26.0
21.3	23.6	33.2	31.1	12.7	159.2	33.9	20.4	19.1	17.1
19.5	16.5	28.1	28.4	9.7	18.1	29.5	15.6	19.0	15.9
1.7	1.8	4.4	2.3	1.0	0.8	5.3	1.1	0.5	0.7
2.7	2.1	5.4	2.9	1.0	0.8	7.0	1.0	0.5	0.6
2.4	2.1	5.0	3.3	n/a	1.3	6.5	1.4	n/a	0.6
2.2	1.9	4.7	3.3	n/a	1.3	5.9	1.3	n/a	0.6
2.9	1.8	5.5	4.1	0.8	0.5	6.0	0.8	0.4	0.5
5.2	2.3	7.4	5.1	1.0	0.3	8.9	0.8	0.4	0.5
4.5	2.3	6.8	5.4	0.9	0.4	8.0	1.3	0.4	0.5
4.3	2.1	6.2	5.1	0.9	0.4	7.5	1.2	0.4	0.5
6.5	7.1	15.4	15.3	3.8	4.0	17.2	5.0	4.9	4.7
12.5	9.0	19.6	17.3	3.8	25.8	22.1	5.5	4.5	5.4
10.5	8.4	17.9	17.7	n/a	9.7	20.5	8.4	n/a	n/a
9.6	6.6	15.9	16.5	n/a	7.8	18.0	6.4	n/a	n/a
142	27	89	282.3	4.9	83	53	20	137	129
141	27	89	272.4	4.9	91	52	17	138	126
153	29	98	291.3	5.0	123	56	16	135	125
161	31	107	306.9	5.6	126	60	18	134	127
37	5	22	52.7	0.7	11	14	2	6	5
37	4	22	58.0	0.5	-2	16	1	6	5
42	4	24	65.4	0.6	5	17	1	5	5
46	6	27	71.4	0.8	8	19	2	5	5
28	3	18	40.0	0.5	8	11	2	3	4
28	2	19	43.7	0.3	-6	12	1	3	3
32	3	20	48.3	0.4	0	13	1	3	4
35	4	24	52.5	0.5	3	15	1	3	4
12.1%	11.4%	16.6%	7.9%	11.9%	18.3%	18.1%	11.8%	3.1%	4.2%
10.9%	8.4%	16.2%	9.1%	11.9%	-13.4%	19.6%	5.3%	2.7%	3.4%
12.1%	9.1%	15.9%	10.5%	n/a	0.5%	20.8%	7.0%	2.1%	3.8%
11.9%	11.9%	19.3%	11.2%	n/a	7.7%	22.3%	9.4%	2.2%	4.3%
26%	17%	24%	19%	14%	13%	26%	11%	4%	4%
26%	13%	25%	21%	11%	-2%	30%	9%	4%	4%
27%	14%	24%	22%	12%	4%	30%	9%	4%	4%
28%	18%	25%	23%	14%	6%	32%	12%	4%	4%

半導體投資大戰

作者	金榮雨
譯者	蕭素菁、陳柏蓁
商周集團執行長	郭奕伶
視覺顧問	陳栩椿
商業周刊出版部	
責任編輯	林雲
封面設計	Bert
內文排版	林婕瀅
校對	呂佳真
出版發行	城邦文化事業股份有限公司 商業周刊
地址	104 台北市中山區民生東路二段 141 號 4 樓
	電話：(02)2505-6789　傳真：(02)2503-6399
讀者服務專線	(02)2510-8888
商周集團網站服務信箱	mailbox@bwnet.com.tw
劃撥帳號	50003033
戶名	英屬蓋曼群島商家庭傳媒股份有限公司城邦分公司
網站	www.businessweekly.com.tw
香港發行所	城邦（香港）出版集團有限公司
	香港灣仔駱克道 193 號東超商業中心 1 樓
	電話：(852)2508-6231　傳真：(852)2578-9337
	E-mail：hkcite@biznetvigator.com
製版印刷	中原造像股份有限公司
總經銷	聯合發行股份有限公司 電話：(02)2917-8022
初版 1 刷	2022 年 5 月
定價	380 元
ISBN	978-626-7099-51-3（平裝）
EISBN	9786267099520（EPUB）／9786267099537（PDF）

Chip War
Copyright © 2021 by 김영우 (KIM, YOUNG WOO, 金榮雨)
All rights reserved.
Complex Chinese Copyright © 2022 by Business Weekly Publications, a division of Cite Publishing Ltd.
Complex Chinese translation Copyright is arranged with Page2books
through Eric Yang Agency

國家圖書館出版品預行編目(CIP)資料

半導體投資大戰 / 金榮雨（김영우）著；蕭素菁，陳柏蓁譯. --
初版. -- 臺北市：城邦文化事業股份有限公司商業周刊, 2022.05
　面；　公分.
　譯自：반도체 투자 전쟁
　ISBN 978-626-7099-51-3（平裝）
1.CST: 半導體工業 2.CST: 市場分析 3.CST: 產業發展
484.51　　　　　　　　　　　　　111007397

藍學堂

學習・奇趣・輕鬆讀